Hochschultext

F.-J. Fritz   B. Huppert
W. Willems

Stochastische Matrizen

Springer-Verlag
Berlin Heidelberg New York 1979

Franz-Josef Fritz
Bertram Huppert
Wolfgang Willems

Fachbereich Mathematik der Universität Mainz
Saarstraße 26
6500 Mainz

AMS Subject Classification (1970): 15-01, 15A51, 15A18, 60G05

ISBN-13: 978-3-540-09126-4   e-ISBN-13: 978-3-642-67131-9
DOI: 10.1007/978-3-642-67131-9

CIP-Kurztitelaufnahme der Deutschen Bibliothek. *Fritz, Franz-Josef:* Stochastische Matrizen /
F. J. Fritz ; B. Huppert ; W. Willems. – Berlin, Heidelberg, New York : Springer, 1979. (Hochschultext).
NE: Huppert, Bertram:; Willems, Wolfgang:

Gesamtherstellung: Beltz Offsetdruck, Hemsbach/Bergstr.
2144/3140-543210

Vorwort

In der Anfängervorlesung "Lineare Algebra" lernt der Student ein umfang-
reiches System von Begriffen und Ergebnissen kennen. Auf die Bedeutung
dieser Theorie für die ganze Mathematik wird er zwar oft hingewiesen,
aber vorgeführt werden meist nur Anwendungen aus der Geometrie. Das
vorliegende kleine Heft ist der Versuch, ein anderes Gebiet für die
Motivierung der Anfängervorlesung zu erschließen, nämlich die Theorie
der stochastischen Prozesse mit endlich vielen Zuständen in matrizen-
theoretischer Behandlung. Unsere Darstellung steht zwischen den sehr
elementar gehaltenen Büchern (mitunter mit dem Titel "Finite Mathema-
tics"), die zum Teil für Nichtmathematiker geschrieben sind und nur
Elemente der Linearen Algebra verwenden, und den allgemeinen Theorien
der stochastischen Prozesse, welche dem endlichen Spezialfall oft wenig
Raum widmen. Sie stützt sich weitgehend auf die Betrachtung der Eigenwerte von stochastischen Matrizen. Obwohl die Bestimmung der Eigenwerte
nicht direkt ein Teil des Problems ist, scheint uns das Studium der
Eigenwerte den besten Aufschluß über das Verhalten der Potenzen einer
stochastischen Matrix zu geben. (Wir sind uns dessen bewußt, daß diese
Methode freilich für stochastische Prozesse mit unendlich vielen Zuständen völlig versagt.)

Nach der Erörterung der Problemstellung und einigen Beispielen in § 1
werden in § 2 alle später benötigten Aussagen über die Eigenwerte von
stochastischen Matrizen hergeleitet. Darauf folgen dann in § 3 leicht
die Konvergenzsätze. In § 4 behandeln wir weitere Sätze über die Eigenwerte von stochastischen Matrizen, die jedoch später kaum mehr verwendet werden. (Dem Anfänger sei geraten, den etwas schwierigeren § 4
zunächst zu übergehen.) Die folgenden Paragraphen bringen Beispiele
verschiedener Art: Irrfahrten in § 5, Kartenmischen in § 6, Warteschlangen in § 7, Prozesse mit absorbierenden Zuständen aus verschiedenen
Bereichen (Vererbungslehre, Irrfahrt mit absorbierenden Rändern, Spiele
mit Bankrott) in § 8. In § 9 führen wir die mittleren Übergangszeiten

ein und berechnen diese für einige Prozesse. Schließlich werden in § 10 natürliche Operationen betrachtet, um aus vorgegebenen stochastischen Prozessen weitere zu gewinnen. (Dies gibt auch die Gelegenheit, kurz auf das Kronecker-Produkt von Matrizen einzugehen.)

Den Schwerpunkt der Darstellung bilden die Beispiele, die wir in möglichst großer Vielfalt zusammengestellt haben. Einige dieser Beispiele sind wohlbekannt, man findet sie in vielen Büchern über stochastische Prozesse. Die Theorie haben wir in der Regel so weit entwickelt, wie es für eine durchsichtige und möglichst einheitliche Behandlung der Beispiele zweckmäßig schien. Vollständigkeit war nicht unser Ziel.

An Vorkenntnissen setzt dieses Büchlein nur Matrizentheorie bis zur Jordanschen Normalform voraus. Um die Darstellung möglichst elementar zu halten, haben wir den Satz von Perron und Frobenius über nichtnegative Matrizen nicht herangezogen, sondern beweisen die benötigten Aussagen für stochastische Matrizen direkt. Die Verbindung von den stochastischen Prozessen zu den stochastischen Matrizen wird intuitiv hergestellt, da wir keine Vorkenntnisse in Wahrscheinlichkeitsrechnung voraussetzen wollten. (Dieses Büchlein heißt schließlich "Stochastische Matrizen" und nicht "Endliche stochastische Prozesse"!) Unsere Erfahrungen zeigen, daß dieser Übergang dem Anfänger kaum Schwierigkeiten bereitet. Natürlich werden alle Aussagen über stochastische Matrizen rein matrizentheoretisch bewiesen, also ohne Rückgriff auf die wahrscheinlichkeitstheoretische Interpretation.

Ein Lernziel, welches wir am Rande etwas verfolgen, ist die Schulung der Rechengeschicklichkeit. Wir haben daher mehrfach Beispiele und Aufgaben aufgenommen, bei deren Lösung nicht ganz triviale Rechnungen auszuführen sind.

Der älteste der drei Autoren hatte vor 30 Jahren das Vergnügen, bei seinem Lehrer Helmut Wielandt eine Vorlesung über Eigenwerte von Matrizen zu hören. Ohne die damals empfangenen Anregungen wäre das vorliegende Büchlein nicht entstanden.

Wir beschränken uns auf die Angabe weniger Literaturtitel. Für die Behandlung nicht negativer, nicht notwendig stochastischer Matrizen verweisen wir auf folgende Darstellungen:

H.H. Schaefer, Banach lattices and positive operators
E. Seneta, Non-negative matrices (mit ausführlichem Literaturverzeichnis)
H. Wielandt, Unzerlegbare, nicht negative Matrizen
Math. Zeitschr. <u>52</u> (1950), 642-648

Zur Eigenwerttheorie doppelt stochastischer Matrizen:

L. Mirsky, H. Perfect, Spectral properties of doubly stochastic matrices
        Monatshefte für Math. <u>69</u> (1965), 35-57.

Zu endlichen Markoff-Prozessen:

J. Kemeny, J.L. Snell, Finite Markov chains.

Mainz, August 1978   F.J. Fritz

                                                                     B. Huppert

                                                                    W. Willems

Inhaltsverzeichnis

§ 1 Problemstellung

<u>1.1 Einführung.</u> Vorgegeben sei ein System S, welches sich in genau einem von n Zuständen befinden kann. Dieses System werde einem "stochastischen" Vorgang A ausgesetzt, dessen Wirkung auf S nicht genau anzugeben ist. Es sei aber bekannt, daß die Wahrscheinlichkeit für den Übergang des Systems S vom Zustand i zum Zustand j gerade $a_{ij} \geq 0$ ist (i,j = 1,...,n). Das Paar (S,A) nennt man eine *Markoff-Kette*. Wir ordnen dem Paar (S,A) die *Übergangsmatrix* $A = (a_{ij})$ vom Typ (n,n) zu. Dann ist $\sum\limits_{j=1}^{n} a_{ij}$ die Wahrscheinlichkeit für den Übergang von S bei A aus dem Zustande i in irgendeinen der n Zustände. Also gilt

$$\sum_{j=1}^{n} a_{ij} = 1 \qquad (i = 1,...,n) \ .$$

Dies führt zu folgender Definition:

<u>1.2 Definition.</u> Sei $A = (a_{ij})$ eine Matrix mit reellen Einträgen a_{ij} vom Typ (n,n).

a) Gilt $a_{ij} \geq 0$ für alle i,j und

$$\sum_{j=1}^{n} a_{ij} = 1 \quad \text{für } i = 1,...,n \ ,$$

so heißt A eine *stochastische Matrix*.
(Die Bedingungen für die Zeilensummen von A können wir auch in der Gestalt Ae = e mit dem Spaltenvektor

$$e = \begin{pmatrix} 1 \\ 1 \\ \vdots \\ 1 \end{pmatrix}$$

schreiben.)

b) Ist A stochastisch und gilt auch

$$\sum_{i=1}^{n} a_{ij} = 1 \qquad \text{für } j = 1,\ldots,n \; ,$$

so heißt A *doppelt stochastisch*.

__1.3 Satz.__ a) *Seien A und B stochastische Vorgänge im System S mit den Übergangs-matrizen A bzw. B. Dann ist der zusammengesetzte Vorgang AB ein stochastischer Vorgang mit der Übergangsmatrix* **AB**.

b) *Sind A und B stochastische Matrizen vom gleichen Typ* (n,n), *so ist AB stochastisch.*

__Beweis.__ a) Die Wahrscheinlichkeit für den Übergang

$$i \xrightarrow{\;\;A\;\;} k \xrightarrow{\;\;B\;\;} j$$

ist $a_{ik}b_{kj}$. Die Wahrscheinlichkeit für $i \xrightarrow{\;\;AB\;\;} j$ über irgendeinen Zwischenzustand k ist somit

$$\sum_{k=1}^{n} a_{ik}b_{kj} \; .$$

(Dabei haben wir ganz naiv naheliegende Regeln über die Multiplikation und Addition von Wahrscheinlichkeiten benutzt.)

b) Natürlich folgt b) aus a). Da im Beweis von a) jedoch gewisse Regeln über das Rechnen mit Wahrscheinlichkeiten benutzt wurden, beweisen wir b) auch direkt:
Ist

$$c_{ij} = \sum_{k=1}^{n} a_{ik}b_{kj} \; ,$$

so gilt $c_{ij} \geqslant 0$ und

$$\sum_{j=1}^{n} c_{ij} = \sum_{j=1}^{n} \sum_{k=1}^{n} a_{ik}b_{kj} = \sum_{k=1}^{n} a_{ik} \sum_{j=1}^{n} b_{kj} = \sum_{k=1}^{n} a_{ik} = 1 \; .$$

Also ist $AB = (c_{ij})$ stochastisch. __q.e.d.__

__1.4 Problemstellung.__ Sei *S* ein System und *A* ein stochastischer Vorgang mit der Übergangsmatrix A. Wir interessieren uns für das Verhalten von *S* bei mehrfacher Anwendung von *A*. Nach 1.3 a) wird die k-malige Anwendung von *A* durch die Matrix A^k beschrieben, die grundsätzlich aus A berechenbar ist. Für großes k sind freilich die Matrixrechnungen sehr unhandlich. Man interessiert sich daher für die Frage, ob $\lim_{k\to\infty} A^k$ existiert. Ist $A^k = (a_{ij}^{(k)})$, so ist dabei natürlich

$$\lim_{k \to \infty} A^k = (\lim_{k \to \infty} a_{ij}^{(k)})$$

gemeint. Ausführlich aufgeschrieben ist

$$a_{ij}^{(k)} = \sum_{m_1,\dots,m_{k-1}=1}^{n} a_{i,m_1} \, a_{m_1,m_2} \cdots a_{m_{k-1},j} \; .$$

Die Frage, ob dies für $k \to \infty$ konvergiert, erscheint auf den ersten Blick hoffnungslos. Trotzdem formulieren wir als Hauptproblem:

Sei A eine stochastische Matrix. Wann existiert $\lim_{k \to \infty} A^k$? Man berechne auf möglichst einfache Weise diesen Grenzwert, falls er existiert.

Mitunter interessiert man sich auch für die Frage, ob der Mittelwert

$$\lim_{k \to \infty} \frac{1}{k} \sum_{i=0}^{k-1} A^i$$

existiert. Der Ergodensatz besagt, daß dies für stochastische Matrizen A stets der Fall ist (siehe 3.5). Existiert $\lim_{k \to \infty} A^k = P$, so gilt auch

$$P = \lim_{k \to \infty} \frac{1}{k} \sum_{i=0}^{k-1} A^i$$

(siehe Aufgabe 4 b)).

Einfache Beispiele lassen sich ohne Vorbereitungen behandeln.

<u>1.5 Beispiel.</u> a) Sei

$$A = \begin{pmatrix} 1-p & p \\ q & 1-q \end{pmatrix}$$

mit $0 \leqslant p \leqslant 1$ und $0 \leqslant q \leqslant 1$. Setzen wir

$$B = \begin{pmatrix} -p & p \\ q & -q \end{pmatrix},$$

so gilt $A = E + B$. Triviale Rechnung zeigt

$$B^2 = -(p+q)B.$$

Ist $p+q = 0$, also $p = q = 0$, so ist $A = E$, also auch $A^k = E$ für alle k. Sei weiterhin $p+q > 0$. Dann gilt

$$A^k = (E+B)^k = \sum_{i=0}^{k} \binom{k}{i} B^i = E + \sum_{i=1}^{k} \binom{k}{i} (-1)^{i-1} (p+q)^{i-1} B$$

$$= E + \frac{1}{p+q} B - \frac{1}{p+q} \sum_{i=0}^{k} \binom{k}{i} (-1)^i (p+q)^i B$$

$$= E + \frac{1}{p+q} B - \frac{(1-p-q)^k}{p+q} B \; .$$

Dabei gilt offenbar

$$-1 \leqslant 1-p-q \leqslant 1 \; .$$

Der eine Grenzfall $p = q = 0$ führt zu $A = E$ und war bereits erledigt worden. Ist $1-p-q = -1$, so folgt $p = q = 1$, also

$$A = \begin{pmatrix} 0 & 1 \\ 1 & 0 \end{pmatrix} .$$

Dann gilt

$$A^{2k} = E \quad \text{und} \quad A^{2k+1} = A,$$

also existiert $\lim\limits_{k \to \infty} A^k$ nicht.

Ist $-1 < 1-p-q < 1$, so folgt

$$\lim\limits_{k \to \infty} A^k = E + \frac{1}{p+q} B = \begin{pmatrix} \dfrac{q}{p+q} & \dfrac{p}{p+q} \\[2mm] \dfrac{q}{p+q} & \dfrac{p}{p+q} \end{pmatrix} .$$

b) Wir geben eine Interpretation: Eine Nachricht von der Form "ja" oder "nein" werde mündlich weitergegeben. Bei der Weitergabe werde mit Wahrscheinlichkeit

$1-p$	"ja" richtig weitergegeben,
p	"ja" verfälscht in "nein",
q	"nein" verfälscht in "ja",
$1-q$	"nein" richtig weitergegeben.

Die Zustände sind nun "ja" und "nein", die Übergangsmatrix ist

$$A = \begin{pmatrix} 1-p & p \\ q & 1-q \end{pmatrix} .$$

Die Übergangswahrscheinlichkeiten für eine Kette aus $k+1$ Personen sind dann die Koeffizienten von A^k. Setzen wir $0 < p+q < 2$ voraus, so gilt nach a) für großes k

$$A^k \sim \begin{pmatrix} \dfrac{q}{p+q} & \dfrac{p}{p+q} \\[2mm] \dfrac{q}{p+q} & \dfrac{p}{p+q} \end{pmatrix} .$$

Ist insbesondere $p = q > 0$ (also unparteiische Verfälschung), so gilt

$$\lim\limits_{k \to \infty} A^k = \begin{pmatrix} \dfrac{1}{2} & \dfrac{1}{2} \\[2mm] \dfrac{1}{2} & \dfrac{1}{2} \end{pmatrix} .$$

Nach einer langen Kette von Zwischenträgern haben wir nur noch mit Wahrscheinlichkeit $\frac{1}{2}$ die Ankunft der unverfälschten Ausgangsnachricht zu erwarten. (Dies mag man als eine "Theorie des Gerüchtes" ansehen.)

__1.6 Beispiel.__ a) Sei

$$A = \begin{pmatrix} a & b & b & \cdots & b \\ b & a & b & \cdots & b \\ \vdots & \vdots & \vdots & & \vdots \\ b & b & b & \cdots & a \end{pmatrix}$$

stochastisch vom Typ (n,n) mit $n \geqslant 2$, also $a \geqslant 0$, $b \geqslant 0$ und $a + (n-1)b = 1$. Setzen wir

$$F = \begin{pmatrix} 1 & 1 & \cdots & 1 \\ 1 & 1 & \cdots & 1 \\ \vdots & \vdots & & \vdots \\ 1 & 1 & \cdots & 1 \end{pmatrix},$$

so gelten

$$A = (a-b)E + bF$$

und $F^2 = nF$, also $F^i = n^{i-1}F$ für $i \geqslant 1$. Ähnlich wie in 1.5 a) berechnen wir nun

$$\begin{aligned}
A^k &= ((a-b)E + bF)^k = \sum_{i=0}^{k} \binom{k}{i} (a-b)^{k-i} (bF)^i \\
&= (a-b)^k E + \sum_{i=1}^{k} \binom{k}{i} (a-b)^{k-i} b^i n^{i-1} F \\
&= (a-b)^k E - \frac{(a-b)^k}{n} F + \sum_{i=0}^{k} \binom{k}{i} (a-b)^{k-i} (nb)^i \frac{1}{n} F \\
&= (a-b)^k E - \frac{(a-b)^k}{n} F + (a-b+nb)^k \frac{1}{n} F \\
&= (a-b)^k (E - \frac{1}{n}F) + \frac{1}{n} F \; .
\end{aligned}$$

Ist $|a-b| < 1$, so folgt

$$\lim_{k \to \infty} A^k = \frac{1}{n} F \; .$$

Ist

$$1-nb = a-b \geqslant 1,$$

so folgt wegen $b \geqslant 0$ sicher $b = 0$, $a = 1$, also $A = E$. Dann ist natürlich $\lim_{k \to \infty} A^k = E$.

Ist hingegen

$$1-nb = a-b \leqslant -1,$$

so ist wegen $0 \leqslant a,b \leqslant 1$ sicher $a = 0$, $b = 1$ und somit $n = 2$.

Damit erhalten wir die bereits in 1.5 a) behandelte Matrix

$$A = \begin{pmatrix} 0 & 1 \\ 1 & 0 \end{pmatrix},$$

für welche $\lim\limits_{k \to \infty} A^k$ nicht existiert.

b) Interpretation: n ($\geq$ 2) Firmen bieten je ein Produkt der gleichen Art (etwa Zahnpasta) an. Unser Konsument befinde sich im Zustande i mit $1 \leq i \leq n$, wenn er beim letzten Kauf Produkt i gewählt hat. Er verhält sich nun so: Mit Wahrscheinlichkeit a bleibt er bei dem Produkt des letzten Kaufes, mit Wahrscheinlichkeit b wählt er irgendeines der n-1 anderen Produkte. (Offenbar hat unser Konsument ein sehr kurzes Gedächtnis!) Die Übergangsmatrix ist also

$$A = \begin{pmatrix} a & b & b & \cdots & b \\ b & a & b & \cdots & b \\ \vdots & \vdots & \vdots & & \vdots \\ b & b & b & \cdots & a \end{pmatrix}$$

mit $a \geq 0$, $b > 0$ und $a + (n-1)b = 1$. Schließen wir den Fall

$$A = \begin{pmatrix} 0 & 1 \\ 1 & 0 \end{pmatrix}$$

aus, so gilt nach a)

$$\lim_{k \to \infty} A^k = \begin{pmatrix} \frac{1}{n} & \cdots & \frac{1}{n} \\ \vdots & & \vdots \\ \frac{1}{n} & \cdots & \frac{1}{n} \end{pmatrix}.$$

Alle Firmen haben also schließlich denselben Anteil am Konsum unseres Käufers.

<u>1.7 Beispiel.</u> Der Verlauf einer Krankheit sei wie folgt beschrieben: Die Zustände, welche bei der Morgenvisite ermittelt werden, seien

1 : Patient tot

2 : Patient gesund

2+i ($1 \leq i \leq n$) : Patient seit genau $i-1+\varepsilon$ Tagen krank, wobei $0 < \varepsilon \leq 1$. Die Zustände 1 und 2 können niemals verlassen werden. Im Zustande 2+i sterbe der Patient in den nächsten 24 Stunden mit Wahrscheinlichkeit a_i, werde er gesund in den nächsten 24 Stunden mit Wahrscheinlichkeit b_i, überlebe er krank die nächsten 24 Stunden mit Wahrscheinlichkeit c_i. Dabei sei $c_n = 0$. Die Übergangsmatrix hat dann die Gestalt

$$A = \begin{pmatrix} E & 0 \\ B & C \end{pmatrix}$$

mit

$$E = \begin{pmatrix} 1 & 0 \\ 0 & 1 \end{pmatrix} \ , \ B = \begin{pmatrix} a_1 & b_1 \\ a_2 & b_2 \\ \vdots & \vdots \\ a_n & b_n \end{pmatrix} , \ C = \begin{pmatrix} 0 & c_1 & 0 & \cdots & 0 \\ 0 & 0 & c_2 & \cdots & 0 \\ \vdots & \vdots & \vdots & & \vdots \\ 0 & 0 & 0 & \cdots & c_{n-1} \\ 0 & 0 & 0 & \cdots & 0 \end{pmatrix} .$$

Man bestätigt leicht $C^n = 0$ und

$$A^i = \begin{pmatrix} E & 0 \\ D_i & C^i \end{pmatrix}$$

mit

$$D_i = (E + C + C^2 + \cdots + C^{i-1}) B \ .$$

Also gilt für $i \geqslant n$

$$A^i = A^n = \begin{pmatrix} E & 0 \\ D_n & 0 \end{pmatrix} \ .$$

Die Berechnung von D_n liefert

$$D_n = \begin{pmatrix} d_1 & 1-d_1 \\ \vdots & \vdots \\ d_n & 1-d_n \end{pmatrix}$$

mit

$$d_i = a_i + c_i a_{i+1} + c_i c_{i+1} a_{i+2} + \cdots + c_i \cdots c_{n-1} a_n \ .$$

Die geschlossene Berechnung von A^k, wie in den Beispielen 1.5 bis 1.7, gelingt nur selten.

Aufgaben

1) Ein Spieler wirft eine Münze mit dem Ergebnis "Kopf" oder "Zahl", und zwar "Kopf" mit der Wahrscheinlichkeit p und "Zahl" mit Wahrscheinlichkeit q = 1-p. Der Zustand werde beschrieben durch die Angabe des Paares (a_1, a_2), wobei a_1 das Ergebnis des vorletzten Wurfes sei, a_2 das des letzten. Der Elementarprozeß sei der Übergang

$$(a_1, a_2) \longrightarrow (a_2, b) \ ,$$

wobei b das Ergebnis eines weiteren Wurfes sei. Man stelle die Übergangsmatrix A auf, beweise $A^2 = A^3 = A^4 = \ldots$ und interpretiere dies.

2) Man behandle die zu 1) analoge Aufgabe für einen Würfelspieler, wobei nun der Zustand durch das Ergebnis $(i_1, \ldots, i_m)$ der letzten m Würfe beschrieben werde (mit $1 \leqslant i_k \leqslant 6$). Ist A die Übergangsmatrix, so zeige man, daß $A^m = A^{m+1} = A^{m+2} = \ldots$ eine Matrix mit lauter gleichen Einträgen ist.

<u>3)</u> Gegeben seien n verdeckte Spielkarten, davon seien k rot und n-k schwarz (0 < k < n). Spieler 1 ziehe eine Karte. Zieht er rot, so zahle er an Spieler 2 eine Mark; zieht er schwarz, so erhalte er von Spieler 2 eine Mark. Nach dem Ziehen werde die Karte jeweils in den Stapel zurückgelegt und dann gemischt. Im Spiel seien genau 4 Mark. Das Spiel sei zu Ende, wenn einer der Spieler kein Geld mehr hat. Man setze $p = \frac{k}{n}$ und $q = 1-p$. Die fünf Zustände des Spieles seien durch den Geldvorrat von Spieler 1 gegeben.

a) Bei geeigneter Numerierung der Zustände hat die Übergangsmatrix die Gestalt

$$A = \begin{pmatrix} E & O \\ B & C \end{pmatrix} ,$$

wobei E die Einheitsmatrix vom Typ (2,2) ist.

b) Ähnlich wie in Beispiel 1.7 berechne man A^k und führe unter Verwendung von $C^3 = 2pqC$ die Bestimmung von $\lim_{k \to \infty} A^k$ durch.

(Für das analoge Spiel mit mehr Geld vergleiche man Beispiel 8.6 b).)

§ 2 Eigenwerte stochastischer Matrizen

Zur Behandlung der Konvergenzfrage aus 1.4 führen wir auf dem $\mathbb{C}$-Vektorraum der Matrizen vom Typ (n,n) mit komplexen Koeffizienten *Normen* ein:

2.1 Definition. Sei $A = (a_{ij})$ eine Matrix aus der Menge $\mathbb{C}_n$ der Matrizen vom Typ (n,n) über dem komplexen Zahlkörper $\mathbb{C}$. Wir setzen

$$\| A \|_\infty = \operatorname*{Max}_{i,j} \ |a_{ij}|$$

und

$$\| A \| = \operatorname*{Max}_{i} \ \sum_{j=1}^{n} \ |a_{ij}| \ .$$

(Ist A stochastisch, so gilt also $\| A \| = 1$.)

2.2 Hilfssatz. a) $\| \cdot \|$ *ist eine Vektorraumnorm auf* $\mathbb{C}_n$, *d.h. es gelten*

$$\| A \| \geqslant 0 \qquad\qquad \textit{für alle A ;}$$

$$\| A \| = 0 \qquad\qquad \textit{genau für A = O ;}$$

$$\| A{+}B \| \leqslant \| A \| + \| B \| \quad \textit{für alle A,B ;}$$

$$\| cA \| = | c | \, \| A \| \qquad \textit{für alle A und alle } c \in \mathbb{C} \ .$$

b) *Für alle* $A,B \in \mathbb{C}_n$ *gilt* $\| AB \| \leqslant \| A \| \, \| B \|$.

c) *Für alle* $A \in \mathbb{C}_n$ *gilt*

$$\| A \|_\infty \leqslant \| A \| \leqslant n \, \| A \|_\infty \ .$$

d) *Sei* $A_k = (a_{ij}^{(k)})$ $(k = 1,2,\dots)$ *eine Folge von Matrizen aus* $\mathbb{C}_n$. *Genau dann gilt*

$$\lim_{k\to\infty} A_k = (\lim_{k\to\infty} a_{ij}^{(k)}) = B \ ,$$

falls $\| A_k - B \|$ *eine Nullfolge ist.*

$\underline{\text{Beweis.}}$ a) Die Aussagen sind trivial.

b) Sei $AB = C = (c_{ij})$, also

$$c_{ij} = \sum_{k=1}^{n} a_{ik}b_{kj} \; .$$

Dann folgt

$$\sum_{j=1}^{n} |c_{ij}| \leqslant \sum_{j,k=1}^{n} |a_{ik}| \, |b_{kj}| = \sum_{k=1}^{n} |a_{ik}| \sum_{j=1}^{n} |b_{kj}|$$

$$\leqslant \sum_{k=1}^{n} |a_{ik}| \, \|B\| \quad \leqslant \|A\| \, \|B\| \; .$$

Also gilt auch

$$\|C\| = \text{Max}_{i} \sum_{j=1}^{n} |c_{ij}| \leqslant \|A\| \, \|B\| \; .$$

c) Einerseits gilt

$$|a_{ij}| \leqslant \sum_{k=1}^{n} |a_{ik}| \leqslant \|A\| \; ,$$

also auch $\|A\|_{\infty} \leqslant \|A\|$. Andererseits ist wegen $\|A\|_{\infty} = \text{Max}_{i,j} |a_{ij}|$ auch

$$\sum_{j=1}^{n} |a_{ij}| \leqslant n \, \|A\|_{\infty} \; ,$$

somit $\|A\| \leqslant n \, \|A\|_{\infty}$.

d) Ist $B = (b_{ij})$, so gilt

$$|a_{ij}^{(k)} - b_{ij}| \leqslant \|A_k - B\|_{\infty} \leqslant \|A_k - B\| \; .$$

Ist insbesondere $\|A_k - B\|$ eine Nullfolge, so ist

$$\lim_{k \to \infty} a_{ij}^{(k)} = b_{ij} \qquad \text{für } i,j = 1,\ldots,n \; .$$

Ist umgekehrt

$$\lim_{k \to \infty} a_{ij}^{(k)} = b_{ij} \qquad \text{für } i,j = 1,\ldots,n \; ,$$

so ist $\|A_k - B\|_{\infty}$ eine Nullfolge. Nach 2.2 c) gilt

$$\|A_k - B\| \leqslant n \, \|A_k - B\|_{\infty} \; ,$$

somit ist auch $\| A_k - B \|$ eine Nullfolge. q.e.d.

Für einige einfache Regeln über das Rechnen mit Folgen von Matrizen verweisen wir auf Aufgabe 4.

Der folgende Satz über Eigenwerte ist leicht zu beweisen, aber häufig von großem Nutzen.

<u>2.3 Satz</u> (Gerschgorin). *Sei* $A = (a_{ij}) \in \mathbb{C}_n$.

a) *Ist a ein Eigenwert von A, so gibt es ein i mit $1 \leqslant i \leqslant n$ und*

$$| a - a_{ii} | \leqslant \sum_{\substack{j=1 \\ j \neq i}}^{n} | a_{ij} | .$$

(Sind also die $| a_{ij} |$ mit $i \neq j$ sehr klein, so liegen die Eigenwerte von A nahe bei den Diagonalelementen a_{ii}.)

b) *Es gilt*

$$| a | \leqslant \| A \| = \operatorname*{Max}_{i} \sum_{j=1}^{n} | a_{ij} | .$$

<u>Beweis.</u> a) Da a ein Eigenwert von A ist, hat das lineare Gleichungssystem

$$ax_i = \sum_{j=1}^{n} a_{ij} x_j \qquad (i = 1,\ldots,n)$$

eine nichttriviale Lösung $(x_1,\ldots,x_n)$. Sei $| x_k | = \operatorname*{Max}_{i} | x_i | > 0$. Dann folgt

$$| x_k | \, | a - a_{kk} | = | ax_k - a_{kk}x_k | = \Big| \sum_{j \neq k} a_{kj}x_j \Big|$$

$$\leqslant \sum_{j \neq k} | a_{kj}x_j | \quad \leqslant \sum_{j \neq k} | a_{kj} | \, | x_k | .$$

Division durch $| x_k | > 0$ liefert

$$| a - a_{kk} | \leqslant \sum_{j \neq k} | a_{kj} | .$$

b) Mit a) folgt für geeignetes k

$$| a | \leqslant | a - a_{kk} | + | a_{kk} | \leqslant \sum_{j=1}^{n} | a_{kj} | \leqslant \| A \| . \qquad \text{q.e.d.}$$

<u>**2.4 Definition.**</u> Sei $A = (a_{ij})$ mit $a_{ij} \geq 0$ vom Typ (n,n) und seien i und j zwei nicht notwendig verschiedene Indizes aus

$$N = \{1,\ldots,n\} \; .$$

a) Wir sagen, daß j von i aus in $t \geq 1$ Schritten *erreichbar* ist, falls es Indizes $m_1,\ldots,m_{t-1}$ gibt mit

$$a_{i,m_1} \; a_{m_1,m_2} \; \cdots \; a_{m_{t-1},j} > 0 \; .$$

(Dabei ist auch $m_k = m_{k+1}$ zugelassen, falls nämlich $a_{m_k,m_k} > 0$ gilt.) Setzen wir $A^k = (a_{ij}^{(k)})$, so bedeutet dies

$$a_{ij}^{(t)} = \sum_{k_1,\ldots,k_{t-1}} a_{i,k_1} \; a_{k_1,k_2} \; \cdots \; a_{k_{t-1},j}$$

$$\geq a_{i,m_1} \; a_{m_1,m_2} \; \cdots \; a_{m_{t-1},j} > 0 \; .$$

b) Sei $M \subseteq N$. Wir setzen $A_0(M) = M$ und für $t \geq 1$ rekursiv

$$A_t(M) = \{j \mid a_{ij} > 0 \quad \text{für ein } i \in A_{t-1}(M)\}$$

$$= A_1(A_{t-1}(M))$$

$$= \{j \mid a_{ij}^{(t)} > 0 \quad \text{für ein } i \in M\} \; .$$

Ist $M = \{i\}$ einelementig, so schreiben wir $A_t(i)$ statt $A_t(\{i\})$. Wir setzen schließlich

$$A(M) = \bigcup_{t \geq 0} A_t(M) \; .$$

Also ist $A(M)$ die Menge der von M aus auf irgendeinem Wege erreichbaren Indizes.

c) Gilt $A(i) = \{1,\ldots,n\}$ für alle i, so nennen wir A *unzerlegbar*; ist A nicht unzerlegbar, so nennen wir A *zerlegbar*.

A ist genau dann zerlegbar, wenn es einen Index i gibt mit $A(i) \subset \{1,\ldots,n\}$. Wir numerieren dann die Indizes so, daß

$$A(1) = \{1,\ldots,m\} \subset \{1,\ldots,n\}$$

gilt. Ist $i \leq m$ und $a_{ij} > 0$, so ist j auf dem Wege über i von 1 aus erreichbar, also $j \leq m$. Daher hat A die Gestalt

$$A = \begin{pmatrix} A_{11} & O \\ A_{21} & A_{22} \end{pmatrix}$$

mit Typ A_{11} = (m,m). Diese Matrix ist aus der ursprünglichen Matrix durch eine Umnumerierung der Indizes hervorgegangen. Das entspricht einer Vertauschung der Zeilen und Spalten durch dieselbe Permutation. So gilt zum Beispiel

$$\begin{pmatrix} 1 & O & O & 1 \\ 1 & O & 1 & 1 \\ 1 & 1 & 1 & O \\ 1 & O & O & 1 \end{pmatrix} \longrightarrow \begin{pmatrix} 1 & 1 & O & O \\ 1 & 1 & O & O \\ 1 & 1 & O & 1 \\ 1 & O & 1 & 1 \end{pmatrix}$$

vermöge der Permutation $\begin{pmatrix} 1 & 2 & 3 & 4 \\ 1 & 3 & 4 & 2 \end{pmatrix}$. Die linke Matrix ist also zerlegbar.

Die auftauchenden kombinatorischen Fragen behandelt der folgende Hilfssatz.

<u>2.5 Hilfssatz.</u> *Sei* $A = (a_{ij})$ *vom Typ* (n,n) *mit* $a_{ij} \geq O$ *für alle* i,j.

Sei

$$\| A \| = \underset{i}{\mathrm{Max}} \sum_{j=1}^{n} a_{ij} = 1 .$$

Sei a *ein Eigenwert von* A *mit* $|a| = 1,$ *und sei schließlich*

$$ax_i = \sum_{j=1}^{n} a_{ij}x_j \qquad (i = 1, \ldots, n)$$

mit

$$y = \underset{i}{\mathrm{Max}} \ |x_i| > O .$$

Wir definieren $N = \{1, \ldots, n\}$ *und* $N_O = \{i \mid i \in N, \ |x_i| = y\}$.
Mit den Bezeichnungen aus 2.4 *gilt dann:*

a) *Für alle* $i \in N_O$ *ist* $\sum_{j=1}^{n} a_{ij} = 1$.

b) *Es ist* $A(N_O) = N_O$.

c) *Für alle* $i \in N_O$ *und alle* $t \geq O$ *gilt* $A_t(i) \neq \emptyset$.

d) *Sei* $i \in N_O$. *Ist* $j \in A_t(i)$, *so gilt* $x_j = a^t x_i$.

e) *Ist* $i \in N_O$ *und* $A_s(i) \cap A_t(i) \neq \emptyset$ *mit* s < t, *so gilt* $a^{t-s} = 1$.

f) *Sei* A *eine unzerlegbare Matrix. Dann ist* $N = N_O$. *Sei* $a^m = 1 \neq a,$ *aber* $a^t \neq 1$ *für* $1 \leq t < m.$ *Sei ferner*

$$L = \{j \mid x_j = x_1\} \ .$$

Dann gilt

$$N = \bigcup_{t=0}^{m-1} A_t(L) \ ,$$

und diese Vereinigung ist disjunkt.

<u>Beweis.</u> Sei $i \in N_0$. Dann gilt

$$(*) \qquad y = |x_i| = |ax_i| = |\sum_{j=1}^{n} a_{ij}x_j|$$

$$\underset{(1)}{\leqslant} \sum_{j=1}^{n} a_{ij} |x_j| \underset{(2)}{\leqslant} \sum_{j=1}^{n} a_{ij} y \underset{(3)}{\leqslant} y \ .$$

Also besteht an den Stellen (1),(2),(3) jeweils Gleichheit.

a) Das Gleichheitszeichen bei (3) besagt

$$\sum_{j=1}^{n} a_{ij} = 1 \qquad \text{für alle } i \in N_0 \ .$$

b) Wegen $N_0 = A_0(N_0) \subseteq A(N_0)$ genügt der Nachweis von $A_1(N_0) \subseteq N_0$. Das Gleichheitszeichen bei (2) besagt, daß $|x_j| = y$ für alle j mit $a_{ij} > 0$ gilt, also für alle $j \in A_1(i)$. Das zeigt $A_1(i) \subseteq N_0$ für alle $i \in N_0$, also auch $A_1(N_0) \subseteq N_0$.

c) Aus a) folgt $A_1(i) \neq \emptyset$ für alle $i \in N_0$. Sei schon $A_{t-1}(i) \neq \emptyset$ gezeigt, und sei $j \in A_{t-1}(i) \subseteq N_0$. Dann folgt

$$\emptyset \neq A_1(j) \subseteq A_1(A_{t-1}(i)) = A_t(i) \ .$$

d) Gleichheit an der Stelle (1) in $(*)$ besagt, daß für alle $j \in A_1(i)$ die x_j dieselbe Richtung in der komplexen Zahlenebene haben. Da nach b) auch $|x_j| = y$ gilt, sind alle x_j mit $j \in A_1(i)$ gleich. Damit folgt für jedes $k \in A_1(i)$ unter Beachtung von a)

$$ax_i = \sum_{j=1}^{n} a_{ij} x_j = (\sum_{j=1}^{n} a_{ij})x_k = x_k \ .$$

Durch Induktion nach t ergibt sich dann sofort $x_j = a^t x_i$ für alle $j \in A_t(i)$.

e) Sei $r \in A_s(i) \cap A_t(i)$. Nach d) gilt dann

$$x_r = a^s x_i = a^t x_i \; .$$

Wegen $x_i \neq 0$ folgt $a^{t-s} = 1$.

f) Da A unzerlegbar ist, gilt für jedes $i \in N_0$

$$N = A(i) \subseteq A(N_0) = N_0 \; .$$

Somit ist $N = N_0$.

Nach d) gilt $x_j = a^t x_1$ für alle $j \in A_t(L)$. Daher sind die $A_t(L)$ mit $0 \leqslant t < m$ paarweise disjunkt. Ferner ist wegen $a^m = 1$ nun $A_m(L) \subseteq A_0(L) = L$. Unter Verwendung der offenbar gültigen Regel

$$A_s(A_t(L)) = A_{s+t}(L)$$

folgert man für $0 \leqslant t < m$ und alle j

$$A_{mj+t}(L) = A_t(A_{mj}(L)) \subseteq A_t(L) \; .$$

Somit erhält man

$$N = A(L) = \bigcup_{t \geqslant 0} A_t(L) = \bigcup_{t=0}^{m-1} A_t(L) \; . \qquad \underline{\text{q.e.d.}}$$

Nun können wir einige der später benötigten Aussagen über Eigenwerte von stochastischen Matrizen beweisen.

<u>2.6 Hauptsatz.</u> *Sei A = (a_{ij}) stochastisch vom Typ (n,n).*
   a) *1 ist Eigenwert von A zum Eigenvektor*

$$e = \begin{pmatrix} 1 \\ 1 \\ \vdots \\ 1 \end{pmatrix} .$$

(*Aber es kann auch von e linear unabhängige Vektoren w mit Aw = w geben.*)

   b) *Ist a ein Eigenwert von A, so gilt $|a| \leqslant 1$.*

   c) *Ist $\underset{i}{\text{Min}}\, a_{ii} = d > 0$, so liegt jeder Eigenwert von A in dem Kreis*

$$\{z \mid z \in \mathbb{C} \, , \; |z-d| \leqslant 1-d\} \; .$$

Insbesondere ist 1 der einzige Eigenwert von A vom Betrag 1.

d) *Ist a ein Eigenwert von A mit* $|a| = 1$, *so hat das Jordan-Kästchen zu* a *in der Jordanschen Normalform von A die Diagonalgestalt* aE_s, *wobei* s *die Vielfachheit von* a *ist.*

e) *Ist a ein Eigenwert von A mit* $|a| = 1$, *so gilt* $a^m = 1$ *für geeignetes* m *mit* $1 \leqslant m \leqslant n$. *Also ist a eine Einheitswurzel.*

f) *Für alle Paare i,j mit* $a_{ij} > 0$ *sei stets auch* $a_{ji} > 0$. *Ist a ein Eigenwert von A mit* $|a| = 1$, *so gilt dann* $a = 1$ *oder* $a = -1$.
(*−1 kommt relativ oft als Eigenwert von interessanten stochastischen Matrizen vor; siehe 5.2 c), 5.5 b), 5.7 d), 6.4.*)

<u>Beweis.</u> a) Offenbar gilt $Ae = e$ für

$$e = \begin{pmatrix} 1 \\ 1 \\ \vdots \\ 1 \end{pmatrix} .$$

b) Nach 2.3 b) gilt $|a| \leqslant 1$ für jeden Eigenwert a von A.

c) Nach 2.3 a) gibt es zu jedem Eigenwert a von A ein i mit

$$|a - a_{ii}| \leqslant \sum_{j \neq i} a_{ij} = 1 - a_{ii} .$$

Also liegt a in dem Kreis mit Mittelpunkt a_{ii} und Radius $1 - a_{ii}$, der im Einheitskreis liegt und diesen von innen in 1 berührt. Sei

$$d = a_{jj} = \min_{i} a_{ii} .$$

Dann liegen alle die Kreise

$$\{z \mid z \in \mathbb{C},\ |z - a_{ii}| \leqslant 1 - a_{ii}\}$$

in dem Kreis

$$\{z \mid z \in \mathbb{C},\ |z - d| < 1 - d\} .$$

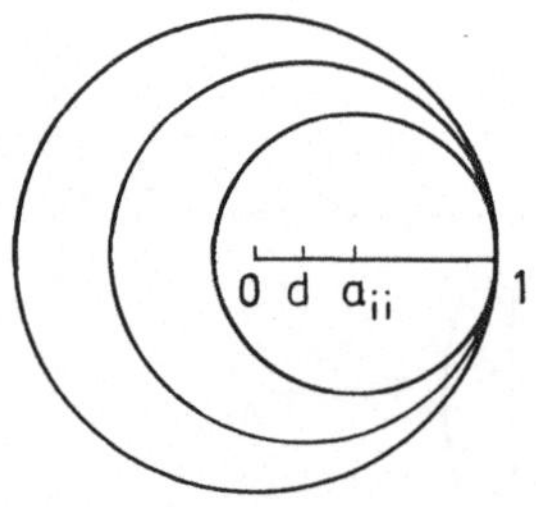

Also gilt für jeden Eigenwert $a \neq 1$ von A nun $|a| < 1$.

d) Nach dem Satz von der Jordanschen Normalform gibt es eine reguläre Matrix T mit

$$T^{-1}AT = \begin{pmatrix} B_1 & O & \cdots & O \\ O & B_2 & \cdots & O \\ \vdots & \vdots & & \vdots \\ O & O & \cdots & B_r \end{pmatrix} ,$$

wobei jedes B_i die Jordansche Gestalt

$$B_i = \begin{pmatrix} a_i & 0 & 0 & \cdots & 0 & 0 \\ 1 & a_i & 0 & \cdots & 0 & 0 \\ \vdots & \vdots & \vdots & & \vdots & \vdots \\ 0 & 0 & 0 & \cdots & 1 & a_i \end{pmatrix}$$

hat. (Dabei müssen nicht alle a_i verschieden sein.) Wir zeigen: Ist $|a_i| = 1$, so ist B_i eine Matrix vom Typ $(1,1)$.

Angenommen, es wäre

$$B_i = \begin{pmatrix} a_i & 0 & 0 & \cdots & \\ 1 & a_i & 0 & \cdots & \\ & \ddots & & \ddots & \end{pmatrix}$$

vom Typ (k_i, k_i) mit $k_i > 1$. Dann folgt durch einfache Rechnung

$$T^{-1}A^k T = (T^{-1}AT)^k = \begin{pmatrix} B_1^{\,k} & 0 & \cdots & 0 \\ 0 & B_2^{\,k} & \cdots & 0 \\ \vdots & \vdots & & \vdots \\ 0 & 0 & \cdots & B_r^{\,k} \end{pmatrix}$$

mit

$$B_i^{\,k} = \begin{pmatrix} a_i^{\,k} & 0 & 0 & \cdots \\ k a_i^{\,k-1} & a_i^{\,k} & 0 & \cdots \\ \vdots & & \ddots & \end{pmatrix}.$$

(Die Besetzung der übrigen Zeilen in $B_i^{\,k}$ interessiert uns nicht.) Daraus ergibt sich für alle k

$$k+1 = |ka_i^{\,k-1}| + |a_i^{\,k}|$$
$$\leqslant \|T^{-1}A^k T\| \leqslant \|T^{-1}\|\ \|A\|^k \|T\| \qquad \text{(siehe 2.2 b))}$$
$$= \|T^{-1}\|\ \|T\|\ .$$

Das ist ein Widerspruch. Also muß B_i eine Matrix vom Typ $(1,1)$ sein, falls $|a_i| = 1$ gilt.

e) Wir bilden zum Eigenwert a gemäß Hilfssatz 2.5 die Menge N_0. Für $i \in N_0$ gilt dann nach 2.5 c) $A_t(i) \neq \emptyset$ für alle $t \geqslant 0$. Also können $A_0(i), A_1(i), \ldots, A_n(i)$ nicht paarweise disjunkt sein. Somit gibt es Indizes $0 \leqslant s < t \leqslant n$ mit $A_s(i) \cap A_t(i) \neq \emptyset$. Nach 2.5 e) ist daher $a^{t-s} = 1$.

f) Sei $i \in N_O$, $j \in A_1(i)$, also $a_{ij} > O$. Nach Voraussetzung ist dann auch $a_{ji} > O$, also $i \in A_2(i) \cap A_O(i)$. Mit 2.5 e) folgt daher $a^2 = 1$.

q.e.d.

Wir werden in 3.4 sehen, daß $\lim_{k \to \infty} A^k$ genau dann existiert, wenn 1 der einzige Eigenwert vom Betrag 1 der stochastischen Matrix A ist, und daß die Berechnung von $\lim_{k \to \infty} A^k$ besonders einfach wird, wenn 1 überdies einfacher Eigenwert von A ist. Also spielen die Eigenwerte vom Betrag 1 von A eine entscheidende Rolle für die Konvergenz der Folge der A^k. Die Eigenwerte im Innern des Einheitskreises der komplexen Ebene beeinflussen die Konvergenzgeschwindigkeit.

Zur Bestimmung der Eigenwerte ist mitunter der folgende Satz nützlich (siehe auch 10.9).

<u>2.7 Satz.</u> *Sei* A = (a_{ij}) *eine stochastische Matrix vom* Typ (n,n).
  Es sei

$$\{1,\ldots,n\} = B_1 \cup \ldots \cup B_m$$

eine disjunkte Zerlegung mit $B_i \neq \emptyset$ *für alle* i = 1,...,m. *Für alle* i,j *aus* $\{1,\ldots,m\}$ *und alle* r,s $\in B_i$ *gelte*

$$\sum_{k \in B_j} a_{rk} = \sum_{k \in B_j} a_{sk} .$$

Für r $\in B_i$ *setzen wir*

$$b_{ij} = \sum_{k \in B_j} a_{rk} .$$

Dann ist b_{ij} *wohldefiniert, und* B = (b_{ij}) (i,j = 1,...,m) *ist eine stochastische Matrix vom Typ* (m,m). *Wir behaupten: Das charakteristische Polynom* f_B *von* B *teilt das charakteristische Polynom* f_A *von* A. *Insbesondere ist jeder Eigenwert von* B *auch ein Eigenwert von* A.

<u>Beweis.</u> Sei $V = \bigoplus_{i=1}^{n} \mathbb{C}\, v_i$ ein $\mathbb{C}$-Vektorraum der Dimension n mit einer Basis $\{v_1,\ldots,v_n\}$. Wir lassen A als lineare Abbildung auf V operieren vermöge

$$Av_i = \sum_{j=1}^{n} a_{ji}\, v_j \qquad (i = 1,\ldots,n) .$$

Wir setzen

$$w_i = \sum_{k \in B_i} v_k \qquad (i = 1, \ldots, m) \ .$$

Dann sind die w_i offenbar linear unabhängig. Es gilt

$$Aw_i = \sum_{k \in B_i} Av_k = \sum_{j=1}^{n} (\sum_{k \in B_i} a_{jk}) v_j = \sum_{r=1}^{m} \sum_{j \in B_r} (\sum_{k \in B_i} a_{jk}) v_j$$

$$= \sum_{r=1}^{m} b_{ri} \sum_{j \in B_r} v_j = \sum_{r=1}^{m} b_{ri}\, w_r \ .$$

Somit bleibt der Unterraum $\bigoplus_{r=1}^{m} \mathbb{C}\, w_r$ von V bei A als Ganzes fest. Ergänzen wir $\{w_1, \ldots, w_r\}$ zu einer Basis von V, so wird bezüglich dieser Basis der Abbildung A eine Matrix der Gestalt

$$\begin{pmatrix} B & C \\ O & D \end{pmatrix}$$

zugeordnet. Daraus folgt $f_A = f_B\, f_D$. $\underline{\text{q.e.d.}}$

$\underline{\text{2.8 Beispiele.}}$ a) Sei

$$\{1, \ldots, n\} = B_0 \cup \cdots \cup B_{m-1}$$

eine disjunkte Zerlegung mit $B_i \neq \emptyset$ für alle $i = 0, \ldots, m-1$. Sei $A = (a_{ij})$ eine stochastische Matrix vom Typ (n,n) mit $a_{ij} > 0$ höchstens für $i \in B_k$, $j \in B_{k+1}$ (mit $k < m-1$) oder $i \in B_{m-1}$, $j \in B_0$. Also hat A bei geeigneter Numerierung der Zustände die Gestalt

$$A = \begin{pmatrix} O & B_0 & O & \cdots & O \\ O & O & B_1 & \cdots & O \\ \vdots & \vdots & \vdots & & \vdots \\ O & O & O & \cdots & B_{m-2} \\ B_{m-1} & O & O & \cdots & O \end{pmatrix},$$

wobei die Teilmatrizen B_i nicht quadratisch sein müssen. Das Verfahren von Satz 2.7 liefert nun

$$B = \begin{pmatrix} O & 1 & O & \cdots & O & O \\ O & O & 1 & \cdots & O & O \\ \vdots & \vdots & \vdots & & \vdots & \vdots \\ O & O & O & \cdots & O & 1 \\ 1 & O & O & \cdots & O & O \end{pmatrix}.$$

Man berechnet leicht $f_B = x^m - 1$. Also sind nach 2.7 alle m-ten Ein heitswurzeln nun Eigenwerte von A.

b) Wir betrachten das untenstehende Labyrinth aus n+1 Kammern, von denen manche durch mit = angedeutete Türen verbunden sind.

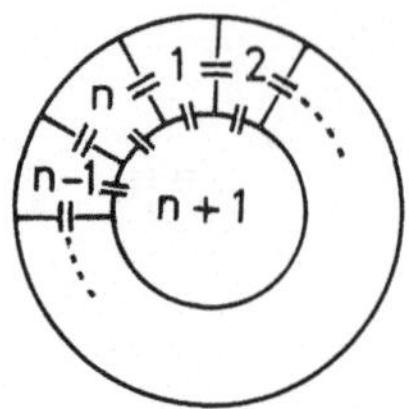

In diesem Labyrinth befinde sich eine Maus. Wir nehmen an, daß die Maus im Elementarprozeß ihre Zelle stets verläßt und jeden Zellenausgang mit derselben Wahrscheinlichkeit wählt. Dann ist die Übergangsmatrix

$$A = \begin{pmatrix} 0 & \frac{1}{3} & 0 & 0 & \cdots & 0 & \frac{1}{3} & \frac{1}{3} \\ \frac{1}{3} & 0 & \frac{1}{3} & 0 & \cdots & 0 & 0 & \frac{1}{3} \\ \vdots & \vdots & \vdots & \vdots & & \vdots & \vdots & \vdots \\ \frac{1}{3} & 0 & 0 & 0 & \cdots & \frac{1}{3} & 0 & \frac{1}{3} \\ \frac{1}{n} & \frac{1}{n} & \frac{1}{n} & \frac{1}{n} & \cdots & \frac{1}{n} & \frac{1}{n} & 0 \end{pmatrix} .$$

(1) Zuerst setzen wir

$$B_1 = \{1,\ldots,n\} \text{ und } B_2 = \{n+1\}.$$

Dann sind die Voraussetzungen von 2.7 erfüllt, und wir erhalten

$$B = \begin{pmatrix} \frac{2}{3} & \frac{1}{3} \\ 1 & 0 \end{pmatrix}$$

mit

$$f_B = (x-1) \ (x+\tfrac{1}{3}) \ .$$

Nach 2.7 hat A somit die Eigenwerte 1 und $-\frac{1}{3}$.

(2) Ist n gerade, so verfeinern wir die Betrachtung, indem wir

$$B_1 = \{1,3,\ldots,n-1\}, \ B_2 = \{2,4,\ldots,n\} \text{ und } B_3 = \{n+1\}$$

setzen. Dann erhalten wir

$$B = \begin{pmatrix} 0 & \frac{2}{3} & \frac{1}{3} \\ \frac{2}{3} & 0 & \frac{1}{3} \\ \frac{1}{2} & \frac{1}{2} & 0 \end{pmatrix}$$

und

$$f_B = (x - 1)(x + \tfrac{1}{3})(x + \tfrac{2}{3}) \ .$$

Dies verschafft uns die Kenntnis des weiteren Eigenwertes $-\tfrac{2}{3}$ von A.

(3) Ist 3 ein Teiler von n, so setzen wir

$$B_j = \{i \mid i \equiv j \pmod 3,\ 1 \leqslant i \leqslant n\}$$

für $j = 1,2,3$ und $B_4 = \{n+1\}$. Nun erhalten wir

$$B = \begin{pmatrix} 0 & \tfrac{1}{3} & \tfrac{1}{3} & \tfrac{1}{3} \\ \tfrac{1}{3} & 0 & \tfrac{1}{3} & \tfrac{1}{3} \\ \tfrac{1}{3} & \tfrac{1}{3} & 0 & \tfrac{1}{3} \\ \tfrac{1}{3} & \tfrac{1}{3} & \tfrac{1}{3} & 0 \end{pmatrix} = -\tfrac{1}{3} E + \tfrac{1}{3} F \ ,$$

wobei F die Matrix vom Typ (4,4) mit lauter Einträgen 1 ist. Man erkennt wegen Rang F = 1 sofort, daß O ein dreifacher Eigenwert von F ist. Der fehlende Eigenwert von F ist dann Spur F = 4. Die Eigenwerte von

$$B = -\tfrac{1}{3} E + \tfrac{1}{3} F$$

sind somit $-\tfrac{1}{3},\ -\tfrac{1}{3},\ -\tfrac{1}{3},\ 1$. Also ist nun $-\tfrac{1}{3}$ mindestens dreifacher Eigenwert von A.

In dem Beispiel aus 2.8 b) kann man sogar alle Eigenwerte von A bestimmen. Dazu verwenden wir den folgenden Hilfssatz, der auch bei anderen Fragen mitunter nützlich ist.

__2.9 Hilfssatz.__ *Sei A eine Matrix der Gestalt*

$$A = \begin{pmatrix} a_0 & a_1 & a_2 & \cdots & a_{n-2} & a_{n-1} \\ a_{n-1} & a_0 & a_1 & \cdots & a_{n-3} & a_{n-2} \\ \vdots & \vdots & \vdots & & \vdots & \vdots \\ a_1 & a_2 & a_3 & \cdots & a_{n-1} & a_0 \end{pmatrix} \ .$$

Sei $c = e^{\frac{2\pi i}{n}}$ *und sei f das Polynom*

$$f(x) = \sum_{j=0}^{n-1} a_j\, x^j \ .$$

Setzen wir $v_k = \begin{pmatrix} 1 \\ c^k \\ c^{2k} \\ \vdots \\ c^{(n-1)k} \end{pmatrix}$ $(k = 0,1,\ldots,n-1),$

so gilt

$$A\, v_k = f(c^k)\, v_k \qquad (k = 0,1,\ldots,n-1)\ .$$

Also sind die $f(c^k)$ die sämtlichen Eigenwerte von A. Je zwei verschiedene der v_k sind orthogonal bezüglich des üblichen hermiteschen Skalarproduktes. Insbesondere hat v_k für $1 \leqslant k < n$ die Koeffizientensumme O.

<u>Beweis.</u> Setzen wir

$$Z = \begin{pmatrix} 0 & 1 & 0 & \cdots & 0 & 0 \\ 0 & 0 & 1 & \cdots & 0 & 0 \\ \vdots & \vdots & \vdots & & \vdots & \vdots \\ 0 & 0 & 0 & \cdots & 0 & 1 \\ 1 & 0 & 0 & \cdots & 0 & 0 \end{pmatrix},$$

so gilt offenbar

$$A = \sum_{j=0}^{n-1} a_j\, z^j = f(Z)\ .$$

Wegen $c^n = 1$ ist

$$Z v_k = \begin{pmatrix} c^k \\ c^{2k} \\ \vdots \\ c^{nk} \end{pmatrix} = c^k\, v_k\ .$$

Die Vektoren $v_0,\ldots,v_{n-1}$ sind linear unabhängig, da die c^k $(k = 0,\ldots,n-1)$ paarweise verschieden sind. Nun folgt

$$A\, v_k = \sum_{j=0}^{n-1} a_j\, z^j\, v_k = \sum_{j=0}^{n-1} a_j\, c^{kj}\, v_k = f(c^k)\, v_k\ .$$

Also sind die $f(c^k)$, die nicht mehr verschieden sein müssen, die sämtlichen Eigenwerte von A. Für $i \neq k$ ist

$$(v_i, v_k) = \sum_{j=0}^{n-1} c^{ji}\, \overline{c^{jk}}$$

$$= \sum_{j=0}^{n-1} c^{j(i-k)} = \sum_{j=1}^{n} c^{j(i-k)} = c^{i-k}\, (v_i, v_k)\ .$$

Wegen $c^{i-k} \neq 1$ folgt $(v_i, v_k) = O$. Insbesondere gilt

$$(v_0, v_k) = O \text{ für } k \geqslant 1.$$ <u>q.e.d.</u>

2.10 Beispiel. Wir betrachten nochmals die Matrix

$$A = \begin{pmatrix} 0 & \frac{1}{3} & 0 & \cdots & 0 & \frac{1}{3} & \frac{1}{3} \\ \frac{1}{3} & 0 & \frac{1}{3} & \cdots & 0 & 0 & \frac{1}{3} \\ \vdots & \vdots & \vdots & & \vdots & \vdots & \vdots \\ \frac{1}{3} & 0 & 0 & \cdots & \frac{1}{3} & 0 & \frac{1}{3} \\ \frac{1}{n} & \frac{1}{n} & \frac{1}{n} & \cdots & \frac{1}{n} & \frac{1}{n} & 0 \end{pmatrix} = \begin{pmatrix} & & & & & \frac{1}{3} \\ & & B & & & \frac{1}{3} \\ & & & & & \vdots \\ & & & & & \frac{1}{3} \\ \frac{1}{n} & \cdots & \frac{1}{n} & & & 0 \end{pmatrix}$$

aus 2.8 b) mit $n \geqslant 3$. Sei

$$A \begin{pmatrix} x_1 \\ \vdots \\ x_n \\ x_{n+1} \end{pmatrix} = a \begin{pmatrix} x_1 \\ \vdots \\ x_n \\ x_{n+1} \end{pmatrix}.$$

Das erfordert

$$\frac{1}{3} x_2 + \frac{1}{3} x_n \quad + \frac{1}{3} x_{n+1} = a\, x_1$$
$$\frac{1}{3} x_1 + \frac{1}{3} x_3 \quad + \frac{1}{3} x_{n+1} = a\, x_2$$
$$\vdots$$
$$\frac{1}{3} x_1 + \frac{1}{3} x_{n-1} + \frac{1}{3} x_{n+1} = a\, x_n$$
$$\frac{1}{n} (x_1 + \cdots + x_n) \quad = a\, x_{n+1}.$$

Wir setzen $\sum_{i=1}^{n} x_i = x$. Durch Aufsummieren der ersten n Gleichungen ergibt sich dann

$$\frac{2}{3} x + \frac{n}{3} x_{n+1} = ax.$$

Wegen $x = n\, a\, x_{n+1}$ folgt

$$n\, x_{n+1} \left(\frac{2}{3} a + \frac{1}{3} - a^2 \right) = 0.$$

Fall 1: Sei zuerst $x_{n+1} = 0$. Dann ist auch

$$\sum_{i=1}^{n} x_i = n\, a\, x_{n+1} = 0.$$

Ferner ist nun

$$\begin{pmatrix} x_1 \\ \vdots \\ x_n \end{pmatrix}$$

ein Eigenvektor zu B zum Eigenwert a mit Komponentensumme 0. Nach 2.9
liefert dies die Eigenwerte

$$\frac{1}{3}\,(c^k + c^{-k}) \quad (k = 1,\ldots,n-1)$$

mit $c = e^{\frac{2\pi i}{n}}$, die zugehörigen Eigenvektoren sind linear unabhängig.

<u>Fall 2</u>: Sei nun $x_{n+1} \neq 0$. Dann ist

$$a^2 - \frac{2}{3}\,a - \frac{1}{3} = 0\;,$$

also $a = 1$ oder $a = -\frac{1}{3}$. Beide Eigenwerte treten auf wegen

$$A \begin{pmatrix} 1 \\ 1 \\ \vdots \\ 1 \end{pmatrix} = \begin{pmatrix} 1 \\ 1 \\ \vdots \\ 1 \end{pmatrix} \quad \text{und} \quad A \begin{pmatrix} 1 \\ \vdots \\ 1 \\ -3 \end{pmatrix} = -\frac{1}{3} \begin{pmatrix} 1 \\ \vdots \\ 1 \\ -3 \end{pmatrix}$$

mit Eigenvektoren, deren letzte Komponenten nicht Null sind. Die damit ermittelten $n+1$ Eigenvektoren von A sind offenbar linear unabhängig.

Also hat A die Eigenwerte

$$1\;,\; -\frac{1}{3}\;,\; \frac{1}{3}(c^k + c^{-k}) \quad \text{mit } 1 \leqslant k \leqslant n-1\;.$$

(Für $n = 6$ erhält man zum Beispiel die Eigenwerte
$$1\;,\; \frac{1}{3}\;,\; \frac{1}{3}\;,\; -\frac{1}{3}\;,\; -\frac{1}{3}\;,\; -\frac{1}{3}\;,\; -\frac{2}{3}\;.)$$

<u>2.11 Definition.</u> Sei A eine stochastische Matrix.
a) Ist 1 der einzige Eigenwert vom Betrag 1 von A, so heißt A *gut*.
b) Ist A gut und ist außerdem 1 einfacher Eigenwert von A, so heißt A *sehr gut*.

Die Gründe für diese Bezeichnungen werden im Konvergenzsatz 3.4 klar werden.

Für unzerlegbare stochastische Matrizen können wir Hauptsatz 2.6 verschärfen.

<u>2.12 Hauptsatz.</u> *Sei A eine unzerlegbare stochastische Matrix vom Typ* (n,n).
   a) *Sei a ein Eigenwert von A mit* $|a| = 1 \neq a$. *Sei* $O(a)$ *die durch 2.6 e) gegebene kleinste natürliche Zahl m mit* $a^m = 1$. *Dann gilt bei geeigneter Numerierung der Zustände*

$$A = \begin{pmatrix} O & B_0 & O & \cdots & O & O \\ O & O & B_1 & \cdots & O & O \\ \vdots & \vdots & \vdots & & \vdots & \vdots \\ O & O & O & \cdots & O & B_{m-2} \\ B_{m-1} & O & O & \cdots & O & O \end{pmatrix} \;.$$

b) *Ist*

$$\sigma(A) = \{b \mid b \in \mathbb{C}, \ b \ \textit{ist Eigenwert von } A\}$$

und ist c *eine komplexe Zahl mit* $c^m = 1$, *so ist*

$$\sigma(A) = \{cb \mid b \in \sigma(A)\} \ ;$$

insbesondere ist $\sigma(A)$ *bei Drehung um den Winkel* $\dfrac{2\pi}{m}$ *invariant.*

c) *Wird* a *in Teil* a) *so gewählt, daß* $m = O(a)$ *maximal ist, so ist die zyklische Gruppe*

$$\{e^{\frac{2\pi i}{m} j} \mid j = 0,1,\ldots,m-1\}$$

die Menge aller Eigenwerte vom Betrag 1 *von* A, *und alle diese Eigenwerte haben die Vielfachheit* 1.

d) *Ist* $a_{ii} > O$ *für wenigstens ein* i, *so ist* A *sehr gut.*

<u>Beweis.</u> a) Nach 2.5 f) haben wir die disjunkte Zerlegung

$$N = \bigcup_{t=0}^{m-1} A_t(L) \ .$$

Wegen

$$A_1(A_t(L)) = A_{t+1}(L) \qquad \text{für } t < m-1$$

und

$$A_1(A_{m-1}(L)) = A_m(L) \subseteq A_O(L)$$

gilt $a_{ij} > O$ höchstens für $i \in A_t(L)$, $j \in A_{t+1}(L)$ (mit $t < m-1$) bzw. für $i \in A_{m-1}(L)$, $j \in A_O(L)$. Ordnen wir die Zustände so an, daß zuerst die aus $A_O(L)$ kommen, dann die aus $A_1(L)$ u.s.w., so nimmt A die behauptete Gestalt an.

b) Sei wA = bw mit w $\neq$ O. Schreiben wir entsprechend der Aufteilung von A in a)

$$w = (w_O, w_1, \ldots, w_{m-1}) \ ,$$

wobei der Zeilenvektor w_t gerade $|A_t(L)|$ Komponenten hat, so gilt

$$w_i B_i = b \, w_{i+1} \qquad \text{für } i < m-1$$

und

$$w_{m-1} B_{m-1} = b \, w_O \ .$$

Setzen wir $u_i = c^{-i} w_i$ und $u = (u_O, u_1, \ldots, u_{m-1})$, so folgt

$$u_i\, B_i \quad = c^{-i}\, w_i\, B_i \quad = c^{-i}\, b\, w_{i+1} = cb\, u_{i+1} \qquad \text{für } i < m-1$$

und

$$u_{m-1}\, B_{m-1} = c^{-(m-1)}\, b\, w_0 = cb\, w_0 \qquad = cb\, u_0 \; ,$$

also $uA = cb\, u$. Wegen $u \neq 0$ ist cb Eigenwert von A.

c) Da 1 Eigenwert von A ist, sind wegen b) auch alle

$$e^{\frac{2\pi i}{m} j} \qquad \text{mit } j = 0,1,\ldots,m-1$$

Eigenwerte von A. Wäre b ein weiterer Eigenwert vom Betrag 1 mit $O(b) = t$ und t kein Teiler von m, so wäre wegen b) auch ab ein Eigenwert von A mit $O(ab) > m$, entgegen der Wahl von m. Somit sind die

$$e^{\frac{2\pi i}{m} j} \qquad (j = 0,1,\ldots,m-1)$$

die sämtlichen Eigenwerte vom Betrag 1 von A.

Sei $Ax = cx$ mit $|c| = 1$ und $x \neq 0$. Wegen 2.5 d) und 2.5 f) ist dann x durch Vorgabe der Komponente x_1 vollständig festgelegt, d.h. es gibt bis auf skalare Vielfache nur einen Eigenvektor zum Eigenwert c. Wegen 2.6 d) ist dann c einfacher Eigenwert von A.

d) Ist A nicht sehr gut, so ist A wegen c) auch nicht gut, also hat A einen Eigenwert a mit $|a| = 1 \neq a$. Wegen a) ist dann $a_{ii} = 0$ für alle i. (Diagonalelemente bleiben nämlich beim Umordnen der Zustände Diagonalelemente.) $\underline{\text{q.e.d.}}$

<u>2.13 Hilfssatz.</u> *Sei A eine stochastische Matrix. Gibt es eine natürliche Zahl t derart, daß A^t sehr gut ist, so ist A selbst sehr gut.*

<u>Beweis.</u> Sei a ein Eigenwert von A mit $|a| = 1$, sei $Av = av$ mit $v \neq 0$. Dann ist auch

$$A^t v = a^t\, v \; .$$

Da A^t sehr gut ist und $|a^t| = 1$ gilt, folgt $a^t = 1$ und

$$v = \begin{pmatrix} x \\ \vdots \\ x \end{pmatrix} .$$

Dann ist auch

$$av = Av = v \; ,$$

also a = 1, und v ist bis auf skalare Vielfache der einzige Eigenvektor von A zum Eigenwert 1. Somit ist A sehr gut. <u>q.e.d.</u>

<u>2.14 Satz.</u> *Sei A eine stochastische Matrix. Gibt es eine natürliche Zahl t derart, daß eine ganze Spalte von A^t nur positive Einträge enthält, so ist A sehr gut.*

<u>Beweis.</u> Nach 2.13 genügt der Nachweis, daß $A^t = (a_{ij}^{(t)})$ sehr gut ist. Nach Voraussetzung gibt es ein r mit $a_{jr}^{(t)} > 0$ für $j = 1,\ldots,n$. Sei a ein Eigenwert von A^t mit $|a| = 1$. Wie in 2.5 bilden wir zu A^t und a die Mengen N_0 und $A_s(k)$ für $k \in N_0$. Wegen $a_{kr}^{(t)} > 0$ ist dann $r \in A_1(k)$, wegen $a_{rr}^{(t)} > 0$ ist auch $r \in A_2(k)$. Mit 2.5 e) folgt daher a = 1.

Wir haben noch zu zeigen, daß 1 einfacher Eigenwert von A^t ist. Wegen $r \in A_1(k)$ gilt nach 2.5 d) $x_r = x_k \neq 0$. Wären nicht alle x_i gleich, so wäre

$$w = \begin{pmatrix} x_1 \\ \vdots \\ x_n \end{pmatrix} - x_r \begin{pmatrix} 1 \\ \vdots \\ 1 \end{pmatrix} = \begin{pmatrix} w_1 \\ \vdots \\ w_n \end{pmatrix}$$

ein Eigenvektor von A^t zum Eigenwert 1 mit $w_r = 0$. Wir zeigten jedoch, daß dies nicht geht. Also ist jeder Eigenvektor von A^t zum Eigenwert 1 ein skalares Vielfaches von

$$\begin{pmatrix} 1 \\ \vdots \\ 1 \end{pmatrix} .$$

Nach 2.6 d) ist dann 1 einfacher Eigenwert von A^t, also ist A^t sehr gut. <u>q.e.d.</u>

<u>A u f g a b e n</u>

<u>4)</u> Seien A_i, B_i Folgen von Matrizen aus $\mathbb{C}_n$ mit

$$\lim_{i \to \infty} A_i = A \ , \quad \lim_{i \to \infty} B_i = B \ .$$

Dann gilt:

a) $\lim\limits_{i \to \infty} (A_i + B_i) = A + B \quad$ und $\quad \lim\limits_{i \to \infty} A_i B_i = AB \ .$

b) $\lim\limits_{k \to \infty} \dfrac{1}{k} \sum\limits_{i=0}^{k-1} A_i = A \ .$

c) Sind alle A_i stochastisch, so auch $A = \lim\limits_{i \to \infty} A_i \ .$

$\underline{5}$) Man gebe eine stochastische Matrix A an, die sich nicht durch einen Übergang $A \longrightarrow B^{-1}AB$ mit einer regulären komplexen Matrix B auf Diagonalgestalt bringen läßt.

$\underline{6}$) Seien A und B stochastische Matrizen vom Typ $(2,2)$.

a) Man beweise

$$\text{Spur } AB = \text{Spur } A \text{ Spur } B - \text{Spur } A - \text{Spur } B + 2 \ .$$

b) Sind A und B gut, so ist AB gut.

$\underline{7}$) Man stelle die stochastische Matrix

$$A = \begin{pmatrix} 0 & p & q \\ 1 & 0 & 0 \\ 1 & 0 & 0 \end{pmatrix}$$

als Produkt von zwei sehr guten stochastischen Matrizen dar und zeige, daß A nicht gut ist.

$\underline{8}$) Sei A eine Matrix von der Gestalt

$$A = \begin{pmatrix} 0 & B_0 & 0 & \cdots & 0 & 0 \\ 0 & 0 & B_1 & \cdots & 0 & 0 \\ \vdots & \vdots & \vdots & & \vdots & \vdots \\ 0 & 0 & 0 & \cdots & 0 & B_{m-2} \\ B_{m-1} & 0 & 0 & \cdots & 0 & 0 \end{pmatrix}$$

mit Teilmatrizen B_i vom Typ (k_i, k_{i+1}) und $k_m = k_0$.

a) Man beweise, daß das charakteristische Polynom f_A von A die Gestalt

$$f_A = \det (x^m E - B_0 B_1 \ldots B_{m-1}) \, x^{n - mk_0}$$

hat. (Dabei kann $n - mk_0$ negativ sein.)

b) Ist A stochastisch, so leite man aus a) her, daß $x^m - 1$ ein Teiler von f_A ist. (Das ist das Ergebnis aus 2.8 a) und 2.12.) Ist a ein Eigenwert vom Betrag 1 von A und b ein beliebiger Eigenwert von A, so ist auch ab ein Eigenwert von A.

$\underline{9}$) Man bestimme - möglichst ohne Determinantenrechnungen - alle Eigenwerte der stochastischen Matrix

$$\begin{pmatrix} a_1 & a_2 & \cdots & a_n \\ 1 & 0 & \cdots & 0 \\ \vdots & \vdots & & \vdots \\ 1 & 0 & \cdots & 0 \end{pmatrix} \ .$$

$\underline{10}$) Wir betrachten ähnlich wie in 2.8 b) das Labyrinth

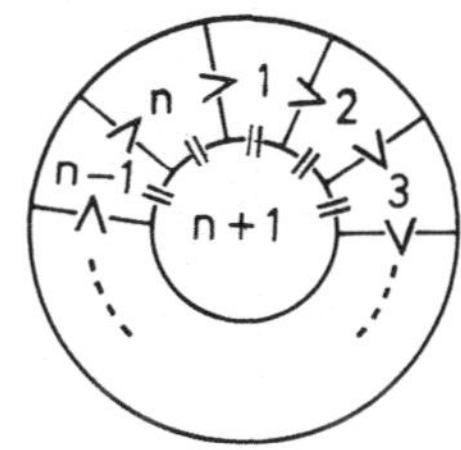

wobei die Türen = von beiden Seiten her passierbar sind, die Türen
> jedoch nur in Richtung der Spitze. Unter der Annahme, daß die Maus
im Elementarprozeß die Zelle verläßt und jede Tür mit derselben Wahrscheinlichkeit wählt, stelle man die Übergangsmatrix A auf.

a) Man zeige, daß $-\frac{1}{2}$ ein Eigenwert von A ist.

b) Ist n gerade, so ist $-\frac{1}{2}$ mindestens zweifacher Eigenwert von A.

c) Für n = 4 hat A die Eigenwerte

$$1, \; -\frac{1}{2}, \; -\frac{1}{2}, \; \frac{i}{2}, \; -\frac{i}{2} \qquad (\text{ mit } i^2 = -1) \;.$$

d) Ist n durch 3 teilbar, so hat A die Eigenwerte

$$1, \; -\frac{1}{2}, \; -\frac{1}{4} \pm \frac{i}{4}\sqrt{3} \;.$$

e) Für n = 6 hat A die Eigenwerte

$$1, \; -\frac{1}{2}, \; -\frac{1}{2}, \; -\frac{1}{4} \pm \frac{i}{4}\sqrt{3}, \; \frac{1}{4} \pm \frac{i}{4}\sqrt{3} \;.$$

<u>11</u>) Man berechne mit der in Beispiel 2.10 verwendeten Methode alle
Eigenwerte der Übergangsmatrix aus Aufgabe 10.

<u>12</u>) Zu dem Labyrinth

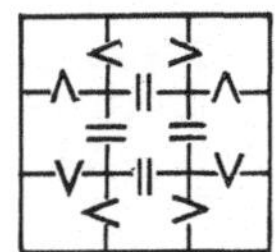

mit Fallen in den vier Ecken stelle man unter denselben Annahmen wie
in Aufgabe 10 die Übergangsmatrix auf und bestimme alle ihre Eigenwerte.

<u>13</u>) Man behandle die entsprechende Aufgabe für das Labyrinth

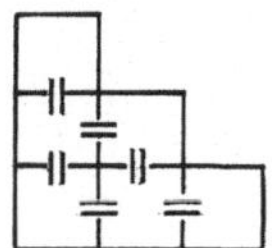

§ 3 Die Konvergenzsätze

<u>3.1 Satz.</u> *Sei* A *stochastisch vom Typ* (n,n), *und es existiere*

$$P = \lim_{k \to \infty} A^k .$$

a) *Dann gilt*

$$P^2 = P = PA = AP .$$

Also ist P *eine mit* A *vertauschbare Projektion.*

b) *Ist 1 einfacher Eigenwert von* A, *so gilt*

$$P = \begin{pmatrix} z_1 & z_2 & \cdots & z_n \\ \vdots & \vdots & & \vdots \\ z_1 & z_2 & \cdots & z_n \end{pmatrix} ,$$

wobei der Zeilenvektor $z = (z_1,\ldots,z_n)$ *eindeutig bestimmt ist durch*

$$zA = z \ und \ \sum_{i=1}^{n} z_i = 1.$$

(Die Wahrscheinlichkeit dafür, das System nach langer Zeit im Zustande i *zu finden, ist* z_i, *ist also unabhängig vom Ausgangszustand.)*

c) *Ist* A *doppelt stochastisch und ist 1 einfacher Eigenwert von* A, *so gilt*

$$\lim_{k \to \infty} A^k = \begin{pmatrix} \frac{1}{n} & \frac{1}{n} & \cdots & \frac{1}{n} \\ \vdots & \vdots & & \vdots \\ \frac{1}{n} & \frac{1}{n} & \cdots & \frac{1}{n} \end{pmatrix} .$$

d) *Ist* a *ein Eigenwert von* A *mit* $|a| = 1$, *so gilt* $a = 1$.

<u>Beweis.</u> a) Es gilt

$$P = \lim_{k \to \infty} A^{2k} = \lim_{k \to \infty} A^k \lim_{k \to \infty} A^k = P^2$$

$$= \lim_{k \to \infty} A^{k+1} = \lim_{k \to \infty} A^k A = PA$$

$$= \lim_{k \to \infty} A^{1+k} = A \lim_{k \to \infty} A^k = AP$$

b) Aus $PA = P$ folgt, daß jede Zeile w_j von P die Bedingung $w_j A = w_j$ erfüllt. Da nach 1.3 b) alle A^k stochastisch sind, ist auch P stochastisch (siehe Aufgabe 4 c)). Ist $w_j = (z_{j1}, \ldots, z_{jn})$, so heißt das

$$\sum_{i=1}^{n} z_{ji} = 1$$

und $z_{ji} \geqslant 0$. Wegen der Einfachheit von 1 als Eigenwert von A ist w_j durch diese Bedingungen eindeutig festgelegt.

c) Ist A doppelt stochastisch, so ist auch P doppelt stochastisch, also $nz_i = 1$ für alle $i = 1, \ldots, n$.

d) Sei $Av = av$ mit $v \neq 0$. Dann gilt

$$Pv = \lim_{k \to \infty} A^k v = \lim_{k \to \infty} a^k v \ .$$

Also existiert $\lim_{k \to \infty} a^k$. Ist $|a| = 1$, so erzwingt das $a = 1$.

3.2 Hilfssatz. *Sei $A \in \mathbb{C}_n$. Gilt für die Eigenwerte $a_1, \ldots, a_n$ von A stets $|a_i| < 1$, so ist $\lim_{k \to \infty} k^r A^k = 0$ für alle $r = 0, 1, \ldots$.*

Beweis. Bekanntlich gibt es eine reguläre Matrix T aus $\mathbb{C}_n$ mit

$$T^{-1}AT = \begin{pmatrix} a_1 & & & & \bigcirc \\ b_{21} & a_2 & & & \\ \vdots & & \ddots & & \\ b_{n1} & & & b_{n,n-1} & a_n \end{pmatrix} = (c_{ij}) \ .$$

Dabei sind die a_i die Eigenwerte von A. Nach Voraussetzung gibt es ein q mit $0 < q < 1$ und

$$|a_i| \leqslant q \qquad \text{für } i = 1, \ldots, n \ .$$

Sei m so gewählt, daß

$$|b_{ij}| \leqslant qm$$

für alle i, j mit $i > j$ gilt. Wir betrachten die Matrix

$$M = (m_{ij}) = \begin{pmatrix} q & 0 & 0 & \cdots & 0 \\ qm & q & 0 & \cdots & 0 \\ \vdots & \vdots & \vdots & & \vdots \\ qm & qm & qm & \cdots & q \end{pmatrix} = q(E + mB)$$

mit

$$B = \begin{pmatrix} 0 & 0 & 0 & \cdots & 0 & 0 \\ 1 & 0 & 0 & \cdots & 0 & 0 \\ 1 & 1 & 0 & \cdots & 0 & 0 \\ \vdots & \vdots & \vdots & & \vdots & \vdots \\ 1 & 1 & 1 & \cdots & 1 & 0 \end{pmatrix} .$$

Dann gilt für jeden Eintrag c_{ij} aus $T^{-1}AT$ offenbar

$$|c_{ij}| \leqslant m_{ij} .$$

Durch Induktion nach k folgt für

$$T^{-1}A^k T = (c_{ij}^{(k)}) \qquad \text{und} \quad M^k = (m_{ij}^{(k)})$$

dann leicht

$$|c_{ij}^{(k)}| \leqslant m_{ij}^{(k)} .$$

Daher genügt der Nachweis von $\lim\limits_{k \to \infty} k^r M^k = 0$. Nun gilt jedoch $B^n = 0$

und somit für $k \geqslant n$

$$M^k = q^k (E + mB)^k = q^k \sum_{i=0}^{k} \binom{k}{i} m^i B^i = \sum_{i=0}^{n} q^k \binom{k}{i} m^i B^i .$$

Bekanntlich ist wegen $0 < q < 1$

$$\lim_{k \to \infty} k^r \binom{k}{i} q^k = 0 .$$

Also folgt

$$\lim_{k \to \infty} k^r M^k = \sum_{i=0}^{n} \lim_{k \to \infty} (q^k \binom{k}{i} k^r) m^i B^i = 0 . \qquad \underline{\text{q.e.d.}}$$

Man entnimmt dieser Rechnung für große k leicht eine Abschätzung der Gestalt

$$m_{ij}^{(k)} \leqslant a \binom{k}{n} q^k$$

mit einer geeigneten Konstanten a, die von A abhängt. Somit bestimmt q die Konvergenzgeschwindigkeit der Folge A^k entscheidend.

<u>3.3 Beispiel.</u> Wir betrachten ein sehr vereinfachtes Modell der Ausbreitung einer ansteckenden Krankheit.

Gegeben sei eine nach außen abgeschlossene Gemeinschaft aus n Personen. Der Zustand i mit $0 \leqslant i \leqslant n$ liege vor, wenn genau i Personen krank sind, also n-i gesund. Der Elementarvorgang sei das Treffen von zwei

Personen, wobei mit der Wahrscheinlichkeit p > O eine Ansteckung statt-
findet, sofern eine der beiden Personen krank und eine gesund ist.
Die Anzahl der geordneten Personenpaare ist n(n-1). Eine Ansteckungsgefahr liegt vor bei den Paaren (P,Q) mit P krank, Q gesund oder P gesund und Q krank. Im Zustande i ist die Anzahl dieser Paare gerade

$$i(n-i) + (n-i)i = 2i(n-i) \ .$$

Die Wahrscheinlichkeit dafür, daß (P,Q) ein Paar mit Ansteckungsgefahr
ist, ist also

$$\frac{2i(n-i)}{n(n-1)} \ .$$

Die Wahrscheinlichkeit für die Zunahme der Anzahl der Kranken im Elementarprozeß um Eins ist somit

$$a_{i,i+1} = \frac{2i(n-i)}{n(n-1)} \ p \ .$$

Offenbar gilt $a_{ii} = 1 - a_{i,i+1}$ und $a_{ij} = O$ für $j \neq i,i+1$.
Das ergibt für die Übergangsmatrix die Gestalt

$$A = \begin{pmatrix}
1 & O & O & \cdots & O & O \\
O & a_{11} & a_{12} & \cdots & O & O \\
O & O & a_{22} & \cdots & O & O \\
\vdots & \vdots & \vdots & & \vdots & \vdots \\
O & O & O & \cdots & a_{n-1,n-1} & a_{n-1,n} \\
O & O & O & \cdots & O & 1
\end{pmatrix} \ .$$

(Sind alle krank oder alle gesund, so kann sich nichts mehr ändern;
daher die Gestalt der O-ten und n-ten Zeile.) Wir zerlegen

$$A = \begin{pmatrix}
1 & O & \cdots & O & O \\
O & & & & * \\
\vdots & & B & & \vdots \\
O & & & & * \\
O & O & \cdots & O & 1
\end{pmatrix} \ .$$

Alle Diagonalelemente der Dreiecksmatrix B haben die Gestalt

$$a_{ii} = 1 - \frac{2i(n-i)}{n(n-1)} \ p$$

mit $1 \leq i \leq n-1$, sind also kleiner als 1. Nach 3.2 gilt daher

$$\lim_{k \to \infty} B^k = O.$$

Nun ist

$$A^k = \begin{pmatrix} 1 & 0 & \cdots & 0 & 0 \\ 0 & & & & a_{1n}^{(k)} \\ \vdots & & B^k & & \vdots \\ 0 & & & & a_{n-1,n}^{(k)} \\ 0 & 0 & \cdots & 0 & 1 \end{pmatrix}$$

mit geeigneten $a_{in}^{(k)}$, wie man leicht feststellt. Da A^k stochastisch ist, folgt wegen $\lim_{k \to \infty} B^k = 0$ sicher $\lim_{k \to \infty} a_{in}^{(k)} = 1$ für $1 \leqslant i \leqslant n-1$.

Somit ist

$$\lim_{k \to \infty} A^k = \begin{pmatrix} 1 & 0 & \cdots & 0 & 0 \\ 0 & 0 & \cdots & 0 & 1 \\ 0 & 0 & \cdots & 0 & 1 \\ \vdots & \vdots & & \vdots & \vdots \\ 0 & 0 & \cdots & 0 & 1 \end{pmatrix} .$$

Was bedeutet dies? Liegt der Zustand O vor, sind also alle gesund, so bleiben alle gesund. Ist jedoch wenigstens einer krank, so werden schließlich mit Wahrscheinlichkeit 1 alle krank. Dieses Ergebnis ist nicht überraschend, da in unserem primitiven Modell kein Gesundungsvorgang berücksichtigt ist.

Die Konvergenzgeschwindigkeit wird gemäß der Bemerkung nach 3.2 durch den größten Eigenwert von B bestimmt, dieser ist

$$a_{11} = 1 - \frac{2p}{n} .$$

Wird die Ansteckungswahrscheinlichkeit p vergrößert, so erfolgt die Konvergenz schneller; hingegen verlangsamt die Vergrößerung der Per-· sonenzahl n die Konvergenzgeschwindigkeit.

<u>3.4 Hauptsatz.</u> *Sei A stochastisch vom Typ (n,n).*

   a) *Ist A gut, so existiert* $P = \lim_{k \to \infty} A^k$. *Es gilt*

$$P^2 = P = AP = PA .$$

Jede Zeile von P ist ein Vektor z mit z**A** = z *und Koeffizientensumme 1.*

   b) *Ist A sogar sehr gut, so gilt*

$$P = \begin{pmatrix} z_1 & z_2 & \cdots & z_n \\ \vdots & \vdots & & \vdots \\ z_1 & z_2 & \cdots & z_n \end{pmatrix} ,$$

wobei der Zeilenvektor $z = (z_1, \ldots, z_n)$ *eindeutig bestimmt ist durch* $zA = z$

und $\sum\limits_{i=1}^{n} z_i = 1$.

(Die analytische Aufgabe der Berechnung von $\lim\limits_{k \to \infty} A^k$ *ist also zurückgeführt*

auf die Lösung eines homogenen linearen Gleichungssystems.)

<u>Beweis.</u> a) Bekanntlich existiert eine reguläre Matrix T vom Typ (n,n) mit

$$T^{-1}AT = \begin{pmatrix} A_1 & & & \\ & A_2 & & \\ & & \ddots & \\ & & & A_m \end{pmatrix},$$

wobei die A_i Dreiecksmatrizen der Gestalt

$$A_i = \begin{pmatrix} a_i & & \\ & \ddots & \\ * & & a_i \end{pmatrix}$$

sind. Da A gut ist, gilt bei geeigneter Numerierung $a_1 = 1$ und $|a_i| < 1$ für $i \geq 2$. Ist A_1 vom Typ (n_1, n_1), so folgt mit 2.6 d) $A_1 = E_{n_1}$. Wegen $|a_i| < 1$ für $i \geq 2$ ist nach 3.2

$$\lim_{k \to \infty} A_i{}^k = O .$$

Daher gilt

$$\lim_{k \to \infty} T^{-1} A^k T = \lim_{k \to \infty} \begin{pmatrix} E_{n_1} & & & \\ & A_2{}^k & & \\ & & \ddots & \\ & & & A_m{}^k \end{pmatrix} = \begin{pmatrix} E_{n_1} & O \\ O & O \end{pmatrix}.$$

Also erhalten wir

$$\lim_{k \to \infty} A^k = T \begin{pmatrix} E_{n_1} & O \\ O & O \end{pmatrix} T^{-1} .$$

Die restlichen Aussagen ergeben sich sofort aus 3.1 a).

b) Die Aussage ist nun eine triviale Folgerung aus a) und 3.1 b).

$$\text{q.e.d.}$$

Der Beweis von 3.4 liefert auch für beliebige stochastische Matrizen eine Aussage.

<u>3.5 Hauptsatz</u> (Ergodensatz). *Sei* A *eine stochastische Matrix.*

a) *Dann existiert stets*

$$Q = \lim_{k \to \infty} \frac{1}{k} \sum_{i=0}^{k-1} A^i \ ,$$

und es gilt

$$Q^2 = Q = QA = AQ \ .$$

Der Rang der Projektion Q *ist gleich der Vielfachheit von* 1 *als Eigenwert von* A. *Ferner ist* Q *stochastisch. Ist* A *gut, so gilt* $\lim_{k \to \infty} A^k = Q$.

b) *Sei* R *eine Matrix von demselben Typ wie* A *mit*

$$R^2 = R = RA = AR \ .$$

Ist Rang R $\geqslant$ Rang Q, *so gilt* R = Q.

c) *Ist* 1 *einfacher Eigenwert von* A, *so gilt*

$$Q = \begin{pmatrix} z_1 & z_2 & \cdots & z_n \\ \vdots & \vdots & \cdots & \vdots \\ z_1 & z_2 & \cdots & z_n \end{pmatrix} \ ,$$

wobei der Zeilenvektor $z = (z_1, \ldots, z_n)$ *eindeutig bestimmt ist durch* zA = z

und $\sum_{i=1}^{n} z_i = 1.$

<u>Beweis.</u> a) Wie im Beweis von 3.4 sei wieder

$$T^{-1}AT = \begin{pmatrix} A_1 & & \\ & \ddots & \\ & & A_m \end{pmatrix}$$

mit

$$A_i = \begin{pmatrix} a_i & & \\ & \ddots & \\ * & & a_i \end{pmatrix}$$

und $a_1 = 1$. Ist $|a_i| = 1$, so gilt wieder wegen 2.6 d) $A_i = a_i E_{n_i}$.

Wegen $T^{-1} A^i T = (T^{-1} A T)^i$ ist nun

$$T^{-1} \left(\frac{1}{k} \sum_{i=0}^{k-1} A^i \right) T = \frac{1}{k} \sum_{i=0}^{k-1} (T^{-1} A T)^i = \begin{pmatrix} B_{1k} & & \\ & \ddots & \\ & & B_{mk} \end{pmatrix}$$

mit

$$B_{jk} = \frac{1}{k} \sum_{i=0}^{k-1} A_j^{\; i} \; .$$

Dabei treten drei Fälle auf:

<u>Fall 1:</u> Wegen $A_1 = E_{n_1}$ ist $B_{1k} = E_{n_1}$ für alle k.

<u>Fall 2:</u> Für $|a_j| = 1 \neq a_j$ ist $A_j = a_j E_{n_j}$, also

$$B_{jk} = \frac{1}{k} (1 + a_j + a_j^{\;2} + \cdots + a_j^{\;k-1}) E_{n_j} = \frac{1}{k} \frac{a_j^{\;k} - 1}{a_j - 1} E_{n_j} \; .$$

Wegen

$$\left| \frac{1}{k} \frac{a_j^{\;k} - 1}{a_j - 1} \right| \leqslant \frac{1}{k} \frac{|a_j^{\;k}| + 1}{|a_j - 1|} = \frac{2}{k \, |a_j - 1|}$$

folgt

$$\lim_{k \to \infty} B_{jk} = 0 \; .$$

<u>Fall 3:</u> Ist $|a_j| < 1$, so gilt nach 3.2 $\lim_{k \to \infty} A_j^{\;k} = 0$. Wir zeigen, daß

daraus $\lim_{k \to \infty} B_{jk} = 0$ folgt. Sei $\varepsilon > 0$ vorgegeben und sei

$$\| A_j^{\;i} \| \leqslant \varepsilon \qquad \text{für } i \geqslant N = N(\varepsilon)$$

und

$$\| A_j^{\;i} \| \leqslant M \qquad \text{für } i = 0, \ldots, N-1 \; .$$

Dann folgt für $k > N$

$$\| B_{jk} \| \leqslant \frac{1}{k} \sum_{i=0}^{k-1} \| A_j^{\;i} \| \leqslant \frac{1}{k} (NM + (k-N) \, \varepsilon) \leqslant \frac{NM}{k} + \varepsilon \; .$$

Wählen wir nun $k > \text{Max} \{ N(\varepsilon), \frac{N(\varepsilon) M}{\varepsilon} \}$, so folgt $\| B_{jk} \| \leqslant 2\varepsilon$.

Also ist $\lim\limits_{k\to\infty} B_{jk} = 0$.

(Natürlich ist dies ein Spezialfall von Aufgabe 4 b).)

Insgesamt folgt somit

$$\lim_{k\to\infty} T^{-1}\left(\frac{1}{k}\sum_{i=0}^{k-1} A^i\right)T = \begin{pmatrix} E_{n_1} & O \\ O & O \end{pmatrix} = T^{-1}QT \ .$$

Also existiert

$$Q = \lim_{k\to\infty}\frac{1}{k}\sum_{i=0}^{k-1} A^i \ ,$$

und offenbar ist $T^{-1}QT$ eine mit $T^{-1}AT$ vertauschbare Projektion. Das zeigt

$$Q^2 = Q = AQ = QA \ .$$

Ferner gilt

$$\text{Rang } Q = \text{Rang } T^{-1}QT = \text{Rang }\begin{pmatrix} E_{n_1} & O \\ O & O \end{pmatrix} = n_1 > 0 \ .$$

Man sieht leicht, daß

$$\frac{1}{k}\sum_{i=0}^{k-1} A^i$$

für alle k stochastisch ist. Also ist auch Q stochastisch.

Existiert $P = \lim\limits_{k\to\infty} A^k$, so folgt mit Aufgabe 4 b) $\lim\limits_{k\to\infty}\frac{1}{k}\sum_{i=0}^{k-1} A^i = P$.

b) Aus $AR = RA = R$ folgt

$$\frac{1}{k}\sum_{i=0}^{k-1} A^i R = R = R\frac{1}{k}\sum_{i=0}^{k-1} A^i \ ,$$

also durch Grenzübergang auch $QR = R = RQ$.

Wir wählen eine reguläre Matrix T so, daß gilt

$$T^{-1}QT = \begin{pmatrix} E_{n_1} & O \\ O & O \end{pmatrix}$$

mit $n_1 = \text{Rang } Q$. Wegen $QR = RQ$ ist dann

$$T^{-1}RT = \begin{pmatrix} R_1 & O \\ O & R_2 \end{pmatrix}$$

mit $R_i^2 = R_i$. Es folgt

$$\begin{pmatrix} R_1 & O \\ O & O \end{pmatrix} = T^{-1}QRT = T^{-1}RT = \begin{pmatrix} R_1 & O \\ O & R_2 \end{pmatrix}.$$

Also ist $R_2 = O$, und mit der Voraussetzung folgt

$$n_1 = \text{Rang } Q \leqslant \text{Rang } R = \text{Rang } R_1 .$$

Wegen $R_1^2 = R_1$ und Typ $R_1 = (n_1, n_1)$ folgt dann $R_1 = E_{n_1}$, also $R = Q$.

c) Wegen $QA = Q$ erfüllen die Zeilen w_j von Q die Bedingung $w_j A = w_j$. Da Q stochastisch ist, hat jedes w_j die Komponentensumme 1. Wegen $w_j A = w_j$ und der Einfachheit von 1 als Eigenwert von A sind alle w_j gleich. $\underline{\text{q.e.d.}}$

$\underline{\text{3.6 Satz.}}$ *Sei* $A = (a_{ij})$ *stochastisch vom Typ* (n,n).

a) *Es gibt einen Zeilenvektor* $z = (z_1, \ldots, z_n)$ *mit* $zA = z$, $\sum\limits_{i=1}^{n} z_i = 1$ *und* $z_i \geqslant 0$ *für* $i = 1, \ldots, n$.

b) *Ist* A *unzerlegbar, und ist* z *wie in* a) *gewählt, so gilt* $z_i > 0$ *für* $i = 1, \ldots, n$.

c) *Für jeden Zeilenvektor* $z = (z_1, \ldots, z_n)$ *mit* $zA = z$ *und* $\sum\limits_{i=1}^{n} z_i = 1$ *seien alle* z_i *positiv. Dann ist* A *unzerlegbar.*

d) *Genau dann ist* A *sehr gut und unzerlegbar, wenn für alle genügend großen* k

$$A^k = (a_{ij}^{(k)}) \text{ mit } a_{ij}^{(k)} > 0 \quad \text{für alle} \quad i,j = 1, \ldots, n$$

gilt.

$\underline{\text{Beweis.}}$ a) Nach 3.5 gilt $QA = Q$ mit einer stochastischen Matrix Q. Jede Zeile von Q liefert dann einen Vektor der gesuchten Art.

b) Wir setzen

$$Z = \{i \mid z_i > 0\} .$$

Gemäß 2.4 bilden wir zum Eigenwert 1 nun $A(Z)$ und zeigen $A(Z) = Z$.
Die Gleichung $z = zA$ besagt

$$z_i = \sum_{j=1}^{n} z_j\, a_{ji} \qquad (i = 1,\ldots,n)\ .$$

Ist $z_j > 0$ und $a_{ji} > 0$, also $i \in A_1(j) \subseteq A_1(Z)$, so ist auch $z_i > 0$.
Das zeigt $A_1(Z) \subseteq Z$. Dann folgt $A_t(Z) \subseteq Z$ für alle $t \geqslant 1$, also schließlich auch

$$A(Z) = \bigcup_{t \geqslant 0} A_t(Z) = Z\ .$$

Da A unzerlegbar ist, ist aber

$$\{1,\ldots,n\} = A(i) \subseteq Z$$

für jedes $i \in Z$. Somit sind alle z_i positiv.

c) Angenommen, es wäre

$$A = \begin{pmatrix} B & O \\ C & D \end{pmatrix}$$

zerlegbar, und sei $w = (w_1,\ldots w_m)$ ein Zeilenvektor mit $wB = w$ und
$\sum_{i=1}^{m} w_i = 1$. Setzen wir $z = (w_1,\ldots,w_m,0,\ldots,0)$, so ist $zA = z$ und
$\sum_{i=1}^{n} z_i = 1$, entgegen der Voraussetzung. Also ist A unzerlegbar.

d) Ist A sehr gut und unzerlegbar, so gilt nach 3.4 b)

$$\lim_{k \to \infty} A^k = \begin{pmatrix} z \\ \vdots \\ z \end{pmatrix},$$

wobei der Zeilenvektor $z = (z_1,\ldots,z_n)$ durch $zA = z$ und $\sum_{i=1}^{n} z_i = 1$
eindeutig bestimmt ist. Da A unzerlegbar ist, sind nach b) alle z_i
positiv. Also hat A^k für genügend großes k lauter positive Einträge.

Hat umgekehrt A^k für ein k lauter positive Einträge, so ist A nach
2.14 sehr gut. Da A^k unzerlegbar ist, ist auch A unzerlegbar. <u>q.e.d.</u>

<u>3.7 Satz.</u> *Sei A stochastisch. Nach 2.6 e) gibt es eine natürliche Zahl m > 0*
derart, daß $a^m = 1$ für jeden Eigenwert a von A mit $|a| = 1$ gilt. Sei m be-
züglich dieser Eigenschaft minimal gewählt.

a) *Es existieren die Grenzwerte*

$$P_r = \lim_{k \to \infty} A^{r+km} = A^r P_0$$

für $0 \leqslant r < m$.

b) *Ist*

$$Q = \lim_{k \to \infty} \frac{1}{k} \sum_{i=0}^{k-1} A^i \; ,$$

so gilt

$$Q = \frac{1}{m} \sum_{r=0}^{m-1} P_r \; .$$

c) *Ist A unzerlegbar und* $P_r = (p_{ij}^{(r)})$ *sowie* $Q = (q_{ij})$ *und ist*

$N = B_0 \cup B_1 \cup \cdots \cup B_{m-1}$ *die dem Satz 2.12 zugrundeliegende Partition, so gilt*

$$p_{ij}^{(r)} = \begin{cases} m\, q_{ij} & \text{falls } i \in B_s, \; j \in B_t \text{ und } t-s \equiv r \pmod{m} \\ 0 & \text{sonst.} \end{cases}$$

Also lassen sich die Grenzwerte P_r *direkt aus der Matrix Q ablesen.*

<u>Beweis.</u> a) Nach Wahl von m ist A^m eine gute Matrix. Also existiert nach 3.4 a)

$$P_0 = \lim_{k \to \infty} (A^m)^k = \lim_{k \to \infty} A^{mk} \; .$$

Dann existiert auch

$$P_r = \lim_{k \to \infty} A^{r+mk} = A^r P_0$$

für $0 \leqslant r < m$.

b) Es ist

$$Q = \lim_{k \to \infty} \frac{1}{mk} \sum_{i=0}^{mk-1} A^i = \lim_{k \to \infty} \frac{1}{m} \sum_{r=0}^{m-1} \frac{1}{k} \sum_{i=0}^{k-1} A^{r+im}$$

$$= \frac{1}{m} \sum_{r=0}^{m-1} A^r \lim_{k \to \infty} \frac{1}{k} \sum_{i=0}^{k-1} A^{im} \; .$$

Mit 3.5 a) und Teil a) erhalten wir

$$Q = \frac{1}{m} \sum_{r=0}^{m-1} A^r P_0 = \frac{1}{m} \sum_{r=0}^{m-1} P_r \; .$$

c) Numeriert man die Zustände wie in 2.12, so hat A die Gestalt

$$\begin{pmatrix} O & B_O & O & \cdots & O & O \\ \vdots & \ddots O & \vdots & \ddots & \vdots & \vdots \\ O & O & O & \cdots & B_{m-2} & O \\ B_{m-1} & O & O & \cdots & O & O \end{pmatrix}.$$

Dann haben A^m und P_O die Gestalt

$$\begin{pmatrix} * & & O \\ & \ddots & \\ O & & * \end{pmatrix}.$$

Kästchenmultiplikation zeigt dann, daß ein Eintrag $p_{ij}^{(r)}$ höchstens dann ungleich O ist, wenn $i \in B_s$ und $j \in B_t$ mit $s+r \equiv t$ (m) gilt. Die restliche Aussage folgt sofort aus b).   q.e.d.

Konvergiert die Folge der A^k nicht, so besagt 3.7, daß sie für große k nahe bei der periodischen Folge mit der Periode

$$P_O, \; AP_O, \ldots, A^{m-1}P_O$$

liegt. Beispiele für dieses Verhalten werden wir in § 5 sehen; sie kommen vor allem für m = 2 recht oft vor.

Anwendungen von Hauptsatz 3.4 werden wir in den folgenden Paragraphen in Fülle studieren. Wir betrachten hier nur zwei sehr einfache Fälle.

<u>3.8 Beispiele.</u> a) Sei

$$A = \begin{pmatrix} 1-p & p \\ q & 1-q \end{pmatrix}$$

stochastisch vom Typ (2,2). Nach 2.6 a) ist 1 ein Eigenwert von A. Der zweite Eigenwert von A bestimmt sich aus

$$1 + a = \text{Spur } A = 2 - p - q$$

zu $a = 1 - p - q$. Dabei gilt wegen $O \leqslant p \leqslant 1$ und $O \leqslant q \leqslant 1$ sicher $-1 \leqslant a \leqslant 1$.

Ist $-1 < a < 1$, so ist A sehr gut, und nach 3.4 existiert

$$P = \lim_{k \to \infty} A^k = \begin{pmatrix} z_1 & z_2 \\ z_1 & z_2 \end{pmatrix}$$

und ist eindeutig bestimmt durch

$$(z_1, z_2)A = (z_1, z_2) \qquad \text{und} \qquad z_1 + z_2 = 1.$$

Das führt zu

$$z_1 = \frac{q}{p+q}, \quad z_2 = \frac{p}{p+q} \; ,$$

wie in 1.5 a). (Wegen a < 1 ist nun p+q > 0.)

Ist a = 1 - p - q = 1, so folgt p = q = 0, also A = E.

Ist a = 1 - p - q = -1, so ist notwendig p = q = 1 und dann

$$A = \begin{pmatrix} 0 & 1 \\ 1 & 0 \end{pmatrix} .$$

Nun existiert $\lim\limits_{k\to\infty} A^k$ nach 3.1 d) sicher nicht, denn A hat den Eigenwert

-1. Nach 3.7 existieren aber

$$\lim_{k\to\infty} A^{2k} = E \qquad \text{und} \qquad \lim_{k\to\infty} A^{2k+1} = A \; .$$

b) Sei $A = (a_{ij})$ doppelt stochastisch vom Typ (n,n) und sehr gut.

Nach 3.4 existiert dann $P = \lim\limits_{k\to\infty} A^k$. Mit 3.1 c) folgt

$$\lim_{k\to\infty} A^k = \begin{pmatrix} \frac{1}{n} & \cdots & \frac{1}{n} \\ \vdots & \ddots & \vdots \\ \frac{1}{n} & \cdots & \frac{1}{n} \end{pmatrix} .$$

Dies umfaßt das Beispiel 1.6 a) für den Fall b > 0 und n ≥ 3.

3.9 Satz. *Sei*

$$A = \begin{pmatrix} B & 0 \\ C & D \end{pmatrix}$$

stochastisch vom Typ (n,n), wobei B den Typ (m,m) habe mit $1 \leqslant m < n$. Wir setzen ferner voraus, daß von jedem Zustand i mit $m+1 \leqslant i \leqslant n$ aus wenigstens ein Zustand j mit $1 \leqslant j \leqslant m$ erreichbar ist.

a) *Dann gilt* $\lim\limits_{k\to\infty} D^k = 0.$

b) *Sei*

$$\lim_{k\to\infty} \frac{1}{k} \sum_{i=0}^{k-1} B^i = R. \; \text{Dann gilt}$$

$$Q = \lim_{k\to\infty} \frac{1}{k} \sum_{i=0}^{k-1} A^i = \begin{pmatrix} R & 0 \\ S & 0 \end{pmatrix} ,$$

wobei $S = (E-D)^{-1}CR$ *eindeutig bestimmt ist durch* $S = DS + CR$.

c) *Sei außerdem* B *gut. Dann ist* A *gut. Es ist*

$$\lim_{k \to \infty} A^k = \begin{pmatrix} R & O \\ S & O \end{pmatrix} ,$$

wobei $R = \lim\limits_{k \to \infty} B^k$ *gilt und* S *durch* $S = DS + CR$ *bestimmt ist.*

<u>Beweis.</u> a) Nach 3.2 genügt der Nachweis, daß D keinen Eigenwert vom Betrag 1 hat. Angenommen, a sei ein Eigenwert von D mit $|a| = 1$. Dann gilt nach 2.3 b)

$$1 = |a| \leqslant \| D \| \leqslant 1 ,$$

also $\| D \| = 1$. Wir wenden Hilfssatz 2.5 auf die nicht notwendig stochastische Matrix D mit dem Eigenwert a an. Ist $k \in N_O$, so gilt nach 2.5 b) $A(k) \subset A(N_O) = N_O$, also nach 2.5 a)

$$\sum_r d_{jr} = 1$$

für alle $j \in A(k)$. Wegen

$$1 = \sum_s c_{js} + \sum_r d_{jr}$$

erzwingt das $c_{js} = O$ für alle $1 \leqslant s \leqslant m$. Also ist von j aus keiner der Zustände $1,\ldots,m$ in einem Schritt erreichbar. Insbesondere ist dann von k aus keiner der Zustände $1,\ldots,m$ erreichbar, entgegen der Voraussetzung.

b) Offenbar hat Q die Gestalt

$$Q = \begin{pmatrix} R & O \\ S & T \end{pmatrix}$$

mit geeigneten nichtnegativen Matrizen R,S,T. Nach 3.5 a) gilt $AQ = Q$, also

$$
\begin{array}{lll}
\text{(i)} & BR & = R \\
\text{(ii)} & CR + DS & = S \\
\text{(iii)} & DT & = T .
\end{array}
$$

Da D nach a) nicht den Eigenwert 1 hat, ist E-D invertierbar. Aus Gleichung (iii) folgt daher $T = O$. Gleichung (ii) liefert $S = (E-D)^{-1}CR$, also ist S durch (ii) eindeutig bestimmt. Aus der Gestalt

$$A^k = \begin{pmatrix} B^k & O \\ * & * \end{pmatrix}$$

von A^k folgt sofort

$$R = \lim_{k\to\infty} \frac{1}{k} \sum_{i=0}^{k-1} B^i \ .$$

c) Da D keinen Eigenwert vom Betrag 1 hat und B gut ist, ist auch A gut. Dann gilt nach b)

$$\lim_{k\to\infty} A^k = \lim_{k\to\infty} \frac{1}{k} \sum_{i=0}^{k-1} A^i = \begin{pmatrix} R & O \\ S & O \end{pmatrix}$$

mit

$$R = \lim_{k\to\infty} \frac{1}{k} \sum_{i=0}^{k-1} B^i = \lim_{k\to\infty} B^k$$

und $S = DS + CR$. q.e.d.

Mit Hilfe von 3.9 können wir nun etwas über die Gestalt allgemeiner stochastischer Matrizen sagen und insbesondere für gute Matrizen A den Grenzwert $\lim_{k\to\infty} A^k$ berechnen.

<u>3.10 Satz.</u> a) *Sei* A *eine stochastische Matrix. Dann hat* A *bei geeigneter Numerierung der Zustände die Gestalt*

$$A = \begin{pmatrix} B_1 & O & \cdots & O & & & & \\ O & B_2 & \cdots & O & & & & \\ \vdots & \vdots & & \vdots & & & & \\ O & O & \cdots & B_m & & & & \\ O & O & \cdots & * & D_m & O & \cdots & O \\ O & O & \cdots & * & * & D_{m-1} & \cdots & O \\ \vdots & \vdots & & & & & & \vdots \\ * & * & & * & * & \cdots & & D_1 \end{pmatrix} = \begin{pmatrix} B & O \\ C & D \end{pmatrix} \ .$$

Dabei sind die B_i *unzerlegbare stochastische Matrizen, die* D_i *sind quadratische Matrizen, deren sämtliche Eigenwerte dem Betrage nach kleiner als 1 sind. (Einige der* D_i *können dabei vom Typ (O,O) sein, die entsprechende Zeilengruppe fehlt dann.) Dabei ist* m *die Vielfachheit von* 1 *als Eigenwert von* A*. Ist* A *doppelt stochastisch, so treten die* D_i *nicht auf.*

b) *Ist* A *gut, so gilt*

$$\lim_{k\to\infty} A^k = \begin{pmatrix} R & O \\ S & O \end{pmatrix} \ .$$

Dabei ist

$$R = \lim_{k \to \infty} B^k = \begin{pmatrix} R_1 & O & \cdots & O \\ O & R_2 & \cdots & O \\ \vdots & \vdots & & \vdots \\ O & O & \cdots & R_m \end{pmatrix}$$

mit $R_i = \lim\limits_{k \to \infty} B_i^{\,k}$ *nach* 3.4 b) *zu berechnen, und* S *wird eindeutig durch das lineare Gleichungssystem*

$$S = CR + DS$$

bestimmt.

(Man nennt die Zustände zu $B_1, \ldots, B_m$ *ergodisch, die zu* $D_1, \ldots, D_m$ *heißen transient, da man sie schließlich mit Wahrscheinlichkeit* 1 *verläßt.)*

<u>Beweis.</u> a) Sei $A(i)$ die Menge der von i aus erreichbaren Zustände im Sinne von 2.4. Sei i so gewählt, daß $|A(i)|$ minimal ist. Ist $k \in A(i)$, so gilt $A(k) \subseteq A(i)$, wegen der Minimalität von $|A(i)|$ somit $A(k) = A(i)$. Also ist von jedem Zustand in $A(i)$ aus jeder andere Zustand in $A(i)$ erreichbar, aber keiner außerhalb von $A(i)$. Wir numerieren nun so, daß $A(i) = \{1, \ldots, r\}$ gilt. Seien $n-s+1, \ldots, n$ mit $r \leqslant n-s$ die Zustände außerhalb von $A(i)$, von denen aus wenigstens ein Zustand aus $A(i)$ erreichbar ist. Von einem Zustand in $\{r+1, \ldots, n-s\}$ aus ist dann keiner der Zustände $1, \ldots, r$, $n-s+1, \ldots, n$ erreichbar. Also erhalten wir

$$A = \begin{pmatrix} B_1 & O & O \\ O & A' & O \\ * & * & D_1 \end{pmatrix} \begin{matrix} \} \ r \\ \} \ n-r-s \\ \} \ s \end{matrix} \ .$$

Dabei ist B_1 unzerlegbar, und nach 3.9 ist jeder Eigenwert von D_1 dem Betrage nach kleiner als 1.

Ist A doppelt stochastisch, so sind alle Spaltensummen von D_1 gleich 1, also hat D_1 den Eigenwert 1. Dieser Widerspruch zeigt, daß bei doppelt stochastischem A sicher $s = O$ gilt und D_1 nicht auftritt.

Gemäß einer Induktionsannahme hat A' die Gestalt

$$A' = \begin{pmatrix} B_2 & O & \cdots & O & & & \\ \vdots & \vdots & & \vdots & & & \\ O & O & \cdots & B_m & & & \\ O & O & \cdots & *_m & D_m & \cdots & O \\ \vdots & \vdots & & & & & \vdots \\ * & * & \cdots & * & * & \cdots & D_2 \end{pmatrix},$$

wobei die B_i und D_i die angegebenen Eigenschaften haben und die D_i

für doppelt stochastisches A' nicht auftreten. Da jedes B_i unzerlegbar ist, ist 1 nach 2.12 c) einfacher Eigenwert von B_i. Also ist 1 m-facher Eigenwert von A.

b) Die Behauptung folgt wegen

$$\lim_{k \to \infty} \begin{pmatrix} D_m & & \\ & \ddots & \\ * & & D_1 \end{pmatrix}^k = O$$

sofort aus 3.9. q.e.d.

3.11 Satz. *Sei A stochastisch. Es gebe einen Vektor*

$$v = \begin{pmatrix} v_1 \\ \vdots \\ v_n \end{pmatrix}$$

mit paarweise verschiedenen v_i und mit

$$\sum_{j=1}^{n} a_{ij} \, v_j \leqslant v_i$$

für $i = 1,\ldots,n$. Dann existiert $\lim_{k \to \infty} A^k$.

Beweis. Wir können annehmen, daß $v_1 < v_i$ für $i = 2,\ldots,n$ gilt Dann folgt

$$v_1 \geqslant \sum_{j=1}^{n} a_{1j} \, v_j \geqslant \sum_{j=1}^{n} a_{1j} \, v_1 = v_1 \;.$$

Also ist $a_{1j} = O$ für $j > 1$ und $a_{11} = 1$. Seien $2,\ldots,m$ die Zustände, von denen aus 1 erreichbar ist. Dann ist

$$A = \left. \begin{pmatrix} 1 & O & O \\ * & B & * \\ O & O & C \end{pmatrix} \right\} m \;.$$

Ist entsprechend

$$v = \begin{pmatrix} v_1 \\ u \\ w \end{pmatrix} \;,$$

so folgt

$$\begin{pmatrix} v_1 \\ u \\ w \end{pmatrix} \geqslant A \begin{pmatrix} v_1 \\ u \\ w \end{pmatrix} = \begin{pmatrix} v_1 \\ * \\ Cw \end{pmatrix} \qquad \text{(komponentenweise)} \;,$$

also $w \geqslant Cw$. Gemäß einer Induktion nach n ist C gut. Nach 3.9 hat B keinen Eigenwert vom Betrag 1, also ist A gut. $\qquad$ <u>q.e.d.</u>

<u>A u f g a b e n</u>

<u>14</u>) Seien A und B sehr gute stochastische Matrizen desselben Typs mit AB = BA. Man beweise

$$\lim_{k \to \infty} A^k = \lim_{k \to \infty} B^k \ .$$

<u>15</u>) Sei A eine sehr gute und B eine beliebige stochastische Matrix vom Typ (n,n).

a) Für $0 \leqslant t < 1$ ist dann

$$C_t = (1-t)A + tB$$

eine sehr gute stochastische Matrix.

b) Es gibt eine von t unabhängige Konstante K, sodaß

$$\| \lim_{k \to \infty} C_t^{\ k} - \lim_{k \to \infty} A^k \| \leqslant \frac{t}{1-t} \, K$$

für $0 \leqslant t < 1$ gilt.
(Anleitung: Man wähle eine reguläre Matrix T mit

$$T^{-1}AT = \begin{pmatrix} 1 & x \\ O & A' \end{pmatrix} \quad \text{und} \quad T^{-1}BT = \begin{pmatrix} 1 & O \\ O & B' \end{pmatrix} \ .$$

Dann berechne man

$$\lim_{k \to \infty} T^{-1}A^k T = \begin{pmatrix} 1 & y \\ O & O \end{pmatrix} \quad \text{und} \quad \lim_{k \to \infty} T^{-1}C_t^{\ k} T = \begin{pmatrix} 1 & z \\ O & O \end{pmatrix}$$

und stelle y-z durch A', B', t und z dar.)

<u>16</u>) Wir betrachten einen stochastischen Prozeß mit n Zuständen, bei dem im Elementarprozeß nur die Übergänge $i \to i+1$ und $i \to 1$ für $1 \leqslant i < n$ bzw. $n \to n$ und $n \to 1$ möglich seien. Also hat die Übergangsmatrix die Gestalt

$$A = \begin{pmatrix} p_1 & q_1 & O & \cdots & O \\ p_2 & O & q_2 & \cdots & O \\ \vdots & \vdots & \vdots & & \vdots \\ p_{n-1} & O & O & \cdots & q_{n-1} \\ p_n & O & O & \cdots & q_n \end{pmatrix} \ .$$

a) Sind alle p_i positiv oder alle q_i positiv, so ist A sehr gut. Man berechne dann $\lim_{k \to \infty} A^k$.

b) Sei $q_1 \cdots q_{k-1} > 0$, aber $q_k = 0$. Dann ist

$$A = \begin{pmatrix} A_1 & 0 \\ * & A_2 \end{pmatrix}$$

mit

$$A_1 = \begin{pmatrix} p_1 & q_1 & 0 & \cdots & 0 \\ p_2 & 0 & q_2 & \cdots & 0 \\ \vdots & \vdots & \vdots & \cdots & \vdots \\ p_{k-1} & 0 & 0 & \cdots & q_{k-1} \\ 1 & 0 & 0 & \cdots & 0 \end{pmatrix} ,$$

und A_2 hat nur die Eigenwerte $0,\ldots,0,q_n$. Man zeige mit Hilfe von 2.12: Genau dann ist A_1 nicht gut, wenn es einen Teiler $m > 1$ von k gibt derart, daß $p_i > 0$ höchstens für die durch m teilbaren i gilt.

<u>17</u>) Die Gewinnaussicht bei einem Spiel sei q mit $0 < q < 1$, die Verlustaussicht sei $p = 1-q$. Der Spieler befinde sich im Zustande i mit $0 \leqslant i < n$, falls die letzten i Spiele gewonnen wurden, das Spiel davor aber verloren. Der Zustand n liege vor, falls mindestens die letzten n Spiele gewonnen wurden.

a) Man stelle die Übergangsmatrix A zu diesem Prozeß auf und bestimme $\lim\limits_{k \to \infty} A^k$.

b) Man gebe alle Eigenwerte von A an.

c) Man bestimme den Typ der Jordanschen Normalform von A.

<u>18</u>) Sei A die stochastische Matrix

$$A = \begin{pmatrix} a_1 & a_2 & \cdots & a_n \\ 1 & 0 & \cdots & 0 \\ \vdots & \vdots & & \vdots \\ 1 & 0 & \cdots & 0 \end{pmatrix} .$$

Man berechne

$$Q = \lim_{k \to \infty} \frac{1}{k} \sum_{i=0}^{k-1} A^i .$$

Wann ist A gut?

<u>19</u>) Man betrachte die stochastische Matrix

$$A = \begin{pmatrix} 0 & 1 & 0 & \cdots & 0 & 0 \\ 0 & 0 & 1 & \cdots & 0 & 0 \\ \vdots & \vdots & \vdots & & \vdots & \vdots \\ 0 & 0 & 0 & \cdots & 0 & 1 \\ a_0 & a_1 & a_2 & \cdots & a_{n-2} & a_{n-1} \end{pmatrix} .$$

Ist $a_0 = 0$, so sind die Eigenwerte von A gerade 0 und die Eigenwerte von

$$\begin{pmatrix} 0 & 1 & 0 & \cdots & 0 & 0 \\ \vdots & \vdots & \vdots & & \vdots & \vdots \\ 0 & 0 & 0 & \cdots & 0 & 1 \\ a_1 & a_2 & a_3 & \cdots & a_{n-2} & a_{n-1} \end{pmatrix}.$$

Das erlaubt eine Reduktion. Wir nehmen daher $a_0 \neq 0$ an.

a) Ist $a_0 > 0$ und $a_{n-1} > 0$, so ist A sehr gut. Man bestimme dann $\lim_{k \to \infty} A^k$.

b) Man zeige: Ist $a_0 > 0$ und $a_{n-1} = 0$ und ist A nicht gut, so gibt es eine natürliche Zahl $m > 1$ mit $a_i = 0$ für $i \not\equiv 0 \pmod{m}$. Ist umgekehrt diese Bedingung erfüllt, so ist A nicht gut.

<u>20</u>) Sei

$$A = \begin{pmatrix} q_1 & r_1 & 0 & 0 & & & \\ p_2 & q_2 & r_2 & 0 & & & \\ & & & & & & \\ & & & p_{n-1} & q_{n-1} & r_{n-1} \\ & & & 0 & p_n & q_n \end{pmatrix}$$

stochastisch. Dann sind gleichwertig:

a) A ist sehr gut.

b) Es gibt ein k mit $q_k > 0$, $p_{k+1} \cdots p_n > 0$ und $r_1 \cdots r_{k-1} > 0$.

§ 4 Weitere Eigenwertabschätzungen für stochastische Matrizen

Wie wir im Anschluß an 3.2 bemerkten, bestimmen die im Innern des Einheitskreises der komplexen Ebene liegenden Eigenwerte einer stochastischen Matrix A wesentlich die Konvergenzgeschwindigkeit der Folge der A^k. Um für diese Eigenwerte Abschätzungen nach oben zu gewinnen, ergänzen wir die Betrachtungen aus 2.4 und 2.5

<u>4.1 Hilfssatz.</u> *Sei* $A = (a_{ij})$ *eine unzerlegbare, sehr gute stochastische Matrix vom Typ* (n,n). *Sei* $i \in N = \{1,2,\ldots,n\}$.

a) *Es gibt ein* $t \geq 1$, *sodaß* $A_t(i) = N$; *dies bedeutet* $a_{ij}^{(t)} > 0$ *für* $j = 1,\ldots,n$.

b) *Es gilt* $A_1(N) = N$. *Insbesondere ist* $A_{t+s}(i) = N = A_s(N)$ $(s = 0,1,\ldots)$, *falls* $A_t(i) = N$.

c) *Es ist*

$$N \smallsetminus \{i\} \subseteq \bigcup_{t=1}^{n-1} A_t(i)$$

und

$$i \in \bigcup_{t=1}^{n} A_t(i) \ .$$

d) *Ist* $\emptyset \neq M \subset N$ *und* $M \subseteq A_m(M)$ *für ein* $m \geq 1$, *so gilt* $M \subset A_m(M)$.

e) *Ist* $i \in A_m(i)$ *für ein* $m \geq 1$, *so ist* $N = A_{m(n-1)}(i)$.

<u>Beweis.</u> a) Die Behauptung folgt aus 3.6 d).

b) Wäre $A_1(N) \subset N$, so wäre gemäß einer Induktionsannahme auch

$$A_t(N) = A_{t-1}(A_1(N)) \subseteq A_{t-1}(N) \subset N \ .$$

Aber es gilt $A_t(N) \supseteq A_t(i) = N$, falls t wie in a) gewählt ist.

c) Der kürzeste mögliche Weg von i nach j hat höchstens n Schritte, falls i = j, und höchstens n-1 Schritte, falls i $\neq$ j. (Bei zweimaligem Auftreten desselben Index kann nämlich eine Schleife aus dem Weg herausgenommen werden.)

52

d) Angenommen, es wäre $M = A_m(M)$. Dann müßte gelten $M = A_{sm}(M)$ für
alle $s \geqslant 1$. Für $j \in M$ gibt es nach a) ein $t \geqslant 1$, sodaß $A_t(j) = N$. Ist
$sm \geqslant t$, so folgt mit b) $A_{sm}(j) = N$. Aber dies liefert den Widerspruch

$$A_{sm}(j) \subseteq A_{sm}(M) = M \subset N.$$

Somit gilt $M \subset A_m(M)$.

e) Ist $i \in A_m(i)$, so liefert das eben Gezeigte für $M = \{i\}$ die Aussage
$|A_m(i)| \geqslant 2$. Wegen $\{i\} \subseteq A_m(i)$ ist auch

$$A_m(i) \subseteq A_m(A_m(i)) = A_{2m}(i) \ .$$

Mit Induktion folgt leicht $|A_{sm}(i)| \geqslant s+1$, falls $A_{(s-1)m}(i) \subset N$.

q.e.d.

<u>4.2 Satz</u> (Wielandt). *Sei* $A = (a_{ij})$ *eine unzerlegbare, sehr gute stochastische
Matrix vom Typ* (n,n). *Dann gilt* $a_{ij}^{(k)} > 0$ *für alle* i,j, *falls*

$$k \geqslant (n-1)^2 + 1 \ .$$

Der Grenzfall $\prod_{i,j} a_{ij}^{(k)} = 0$ *für* $k = (n-1)^2$ *tritt genau dann auf, wenn* A *bei
geeigneter Numerierung der Zustände die Gestalt*

$$A = \begin{pmatrix}
0 & 1 & 0 & \cdots & 0 & 0 \\
0 & 0 & 1 & \cdots & 0 & 0 \\
\vdots & \vdots & \vdots & & \vdots & \vdots \\
0 & 0 & 0 & \cdots & 0 & 1 \\
a_1 & a_2 & 0 & \cdots & 0 & 0
\end{pmatrix}$$

mit $a_1 a_2 > 0$ *hat.*

<u>Beweis.</u> Wegen 4.1 a) und b) genügt es zu zeigen, daß zu jedem $i \in N$
ein $k \leqslant (n-1)^2+1$ existiert mit $A_k(i) = N$. Sei weiterhin $n > 1$.

Wir setzen

$$H = \{(s,t) \mid s < t, \text{ es gibt ein } r \in A_s(i), \text{ sodaß } r \in A_{t-s}(r)\} \ .$$

Wegen $i \in A_0(i)$ und $i \in A_t(i)$ für ein t mit $1 \leqslant t \leqslant n$ (siehe 4.1 c)),
gilt $(0,t) \in H$, also $H \neq \emptyset$.

Sei

$$t_0 = \text{Min} \{t \mid (s,t) \in H \text{ für ein } s < t\}$$

und

$$s_0 = \text{Max} \{s \mid (s,t_0) \in H\}$$

sowie schließlich $m = t_0 - s_0$. Sei $r \in A_{s_0}(i)$, sodaß $r \in A_m(r)$.
Aus 4.1 e) folgt

$$N = A_{m(n-1)}(r) \subseteq A_{m(n-1)}(A_{s_0}(i))$$

$$= A_{(t_0 - s_0)(n-1)+s_0}(i) \ .$$

Wir zeigen
$$(t_0 - s_0)(n-1) + s_0 \leqslant (n-1)^2 + 1 \ .$$

Dazu setzen wir
$$t_1 = \text{Min } \{t > 0 \mid i \in A_t(i)\} \ .$$

Dann liefert 4.1 c) $t_1 \leqslant n$. Wegen $(0,t_1) \in H$ folgt $t_0 \leqslant t_1$.
Ist $t_0 \leqslant n-1$, so gilt
$$(t_0 - s_0)(n-1) + s_0 \leqslant t_0(n-1) \leqslant (n-1)^2 \ .$$

Weiterhin sei also $t_0 = t_1 = n$. Aus 4.1 d) folgt dann $\{i\} \subset A_n(i)$.
Die Numerierung sei nun so festgelegt, daß $i = 1$ ist und daß ein kür-
zester Weg von 1 zurück nach 1, der ja wegen $t_1 = n$ die Länge n haben
muß, durch die Übergänge
$$1 \longrightarrow 2 \longrightarrow 3 \longrightarrow \cdots \longrightarrow n \longrightarrow 1$$

beschrieben wird. Da dieser Weg nicht verkürzt werden kann, folgt
$$j+1 \in A_j(1) \subseteq \{2,\ldots,j+1\} \qquad \text{für } 1 \leqslant j \leqslant n-1 \ ,$$

insbesondere also $A_1(1) = \{2\}$.
Sei
$$t_2 = \text{Min } \{t \mid \ |A_t(1)| > 1\}.$$

Dann gilt wegen $\{1\} \subset A_n(1)$ sicher $t_2 \leqslant n$. Wäre $t_2 < n$, so gäbe es ein
j mit $1 \leqslant j < t_2$, sodaß $j+1 \in A_{t_2}(1)$, also
$$\{j+1\} = A_j(1) \subseteq A_{t_2}(1) = A_{t_2-j}(j+1) \ .$$

Dann wäre aber $(j,t_2) \in H$ mit $t_2 < t_0 = n$ im Widerspruch zur Wahl von
t_0. Somit gilt $A_t(1) = \{t+1\}$ für $1 \leqslant t < n$. Sei
$$s_1 = \text{Max } \{s \mid s+1 \in A_n(1)\} \ .$$

Dann haben wir $\{s_1 + 1\} = A_{s_1}(1)$ und
$$\{s_1 + 1\} \subseteq A_n(1) = A_{n-s_1}(A_{s_1}(1)) = A_{n-s_1}(s_1 + 1) \ ,$$

also $(s_1,n) \in H$ und somit $1 \leqslant s_1 \leqslant s_0 < t_0 = n$. Somit folgt
$$(t_0 - s_0)(n-1) + s_0 = t_0(n-1) - s_0(n-2)$$

$$\leqslant n(n-1) - (n-2) = (n-1)^2 + 1 \ .$$

Dabei wird die volle Schranke nur im Fall $s_0 = 1$ gebraucht. Aus $s_0 = 1$
ergibt sich aber $s_1 = 1$ und dann $A_n(1) = \{1,2\}$. Somit ist auch schon
gezeigt, daß die volle Schranke höchstens dann benötigt wird, wenn A
die angegebene Gestalt hat.

Die Schranke wird in diesem Fall aber wirklich benötigt:

Es ist $A_{n-1}(1) = \{n\}$ und $A_{n-1}(j) = \{j-1,j\}$ für $j \geqslant 2$. Eine triviale Induktion liefert nun

$$A_{k(n-1)}(1) = A_{n-1}(A_{(k-1)(n-1)}(1)) = \{n-k+1,\ldots,n-1,n\}$$

für $1 \leqslant k \leqslant n-1$, insbesondere

$$A_{(n-1)(n-1)}(1) = \{2,\ldots,n-1,n\} \ . \hspace{3cm} \underline{\text{q.e.d.}}$$

<u>4.3 Hilfssatz.</u> *Sei* $A = (a_{ij})$ *stochastisch vom Typ* (n,n) *und* a *ein Eigenwert von* A *mit* $a \neq 1$. *Sei*

$$B = \begin{pmatrix} b_1 & b_2 & \cdots & b_n \\ \vdots & \vdots & & \vdots \\ b_1 & b_2 & \cdots & b_n \end{pmatrix}$$

vom Typ (n,n) *mit* $b_i \in \mathbb{R}$. *Dann gilt* $|a| \leqslant \|A - B\|$.

<u>Beweis.</u> Sei $z = (z_1,\ldots,z_n) \neq 0$ mit $zA = az$ und sei

$$v = \begin{pmatrix} 1 \\ \vdots \\ 1 \end{pmatrix} \ .$$

Dann ist

$$(az)v = (zA)v = z(Av) = zv, \quad \text{also } zv = 0 \ .$$

Das liefert $zB = 0$, also

$$z(A - B) = zA = az \ .$$

Somit ist a ein Eigenwert von $A - B$. Satz 2.3 b) liefert dann

$$|a| \leqslant \|A - B\| \ . \hspace{4cm} \underline{\text{q.e.d.}}$$

<u>4.4 Satz.</u> *Sei* $A = (a_{ij})$ *stochastisch vom Typ* (n,n) *und* a *ein Eigenwert von* A *mit* $|a| < 1$. *Ferner sei*

$$m_k = \underset{i}{\text{Min }} a_{ik} \ , \quad M_k = \underset{i}{\text{Max }} a_{ik} \ ,$$

$$m = \sum_{k=1}^{n} m_k \quad , \quad M = \sum_{k=1}^{n} M_k$$

und

$$\overline{m} = \underset{i,j}{\text{Min }} a_{ij} \ , \quad \overline{M} = \underset{i,j}{\text{Max }} a_{ij} \ .$$

Dann gilt:

a) (A. Brauer, E. Hopf, H. Schaefer)

$$|a| \leq \text{Min}(1-m,\ M-1) \leq \text{Min}(1 - n\overline{m},\ n\overline{M} - 1) \leq \frac{\overline{M} - \overline{m}}{\overline{M} + \overline{m}}\ .$$

b) *Hat* A^w *lauter positive Einträge, so gilt mit*

$$m_k^+ = \underset{\substack{i \\ a_{ik}>0}}{\text{Min}}\ a_{ik}\ ,\quad m^+ = \sum_{k=1}^{n} m_k^+ \quad \text{und} \quad \overline{m}^+ = \underset{\substack{i,j \\ a_{ij}>0}}{\text{Min}}\ a_{ij}$$

die Abschätzung

$$|a|^w \leq \text{Min}\ (1 - \overline{m}^{+(w-1)}\ m^+,\ M - 1)\ .$$

<u>Beweis.</u> a) Sei

$$B = \begin{pmatrix} m_1 & m_2 & \cdots & m_n \\ \vdots & \vdots & & \vdots \\ m_1 & m_2 & \cdots & m_n \end{pmatrix} \quad \text{und} \quad C = \begin{pmatrix} M_1 & M_2 & \cdots & M_n \\ \vdots & \vdots & & \vdots \\ M_1 & M_2 & \cdots & M_n \end{pmatrix}\ .$$

Dann gilt nach 4.3

$$|a| \leq \|A - B\| = 1 - \sum_{k=1}^{n} m_k = 1 - m$$

und

$$|a| \leq \|A - C\| = \|C - A\| = \sum_{k=1}^{n} M_k - 1 = M - 1\ .$$

Damit ist

$$|a| \leq \text{Min}\ (1 - m,\ M - 1)$$

bewiesen. Wegen

$$m = \sum_{k=1}^{n} m_k \geq n\overline{m} \qquad \text{und} \quad M = \sum_{k=1}^{n} M_k \leq n\overline{M}$$

folgt

$$\text{Min}\ (1 - m,\ M - 1) \leq \text{Min}\ (1 - n\overline{m},\ n\overline{M} - 1)\ .$$

Sei zuerst $n\overline{M} - 1 \geq 1 - n\overline{m}$. Dann ist $(\overline{M} + \overline{m})n \geq 2$ und daher

$$(1 - n\overline{m})(\overline{M} + \overline{m}) = \overline{M} + \overline{m} - n\overline{m}(\overline{M} + \overline{m}) \leq \overline{M} + \overline{m} - 2\overline{m} = \overline{M} - \overline{m}\ .$$

Ist hingegen $n\overline{M} - 1 \leq 1 - n\overline{m}$, so folgt $(\overline{M} + \overline{m})n \leq 2$ und dann

$$n\overline{M} - 1 \leq \tfrac{1}{2}(n\overline{M} - 1) + \tfrac{1}{2}(1 - n\overline{m}) = \tfrac{1}{2}(\overline{M} - \overline{m})n \leq \frac{\overline{M} - \overline{m}}{\overline{M} + \overline{m}}\ .$$

In jedem Fall gilt daher

$$|a| \leq \text{Min}\ (1 - n\overline{m},\ n\overline{M} - 1) \leq \frac{\overline{M} - \overline{m}}{\overline{M} + \overline{m}}\ .$$

b) Für $w \geq 2$ gilt

$$a_{ij}^{(w)} = \sum_{k=1}^{n} a_{ik}^{(w-1)} a_{kj} \geq \bar{m}^{+(w-1)} m_j^{+}$$

und

$$a_{ij}^{(w)} = \sum_{k=1}^{n} a_{ik}^{(w-1)} a_{kj} \leq \sum_{k=1}^{n} a_{ik}^{(w-1)} M_j = M_j .$$

Wir erhalten somit aus a)

$$|a|^{w} \leq \text{Min}\, (1 - \bar{m}^{+(w-1)} m^{+}, M - 1) . \qquad \underline{\text{q.e.d.}}$$

<u>4.5 Beispiel.</u> In 2.8 b) und 2.10 haben wir die stochastische Matrix

$$A = \begin{pmatrix} 0 & \frac{1}{3} & 0 & \cdots & \frac{1}{3} & \frac{1}{3} \\ \frac{1}{3} & 0 & \frac{1}{3} & \cdots & 0 & \frac{1}{3} \\ \vdots & \vdots & \vdots & & \vdots & \vdots \\ \frac{1}{n} & \frac{1}{n} & \frac{1}{n} & \cdots & \frac{1}{n} & 0 \end{pmatrix}$$

vom Typ $(n+1, n+1)$ mit $n \geq 4$ betrachtet. Nun hat A^2 lauter positive Einträge, und es gilt

$$m_k = \text{Min}_{i}\, a_{ik}^{(2)} = \frac{1}{3n} \quad \text{für} \quad k = 1, \ldots, n ,$$

$$m_{n+1} = \text{Min}_{i}\, a_{i,n+1}^{(2)} = \frac{2}{9} ,$$

also

$$m = \sum_{k=1}^{n+1} m_k = \frac{5}{9} .$$

Mit 4.4 a) folgt dann für jeden Eigenwert $a \neq 1$ von A

$$|a|^2 \leq 1 - m = \frac{4}{9}, \quad \text{also } |a| \leq \frac{2}{3} .$$

Diese Abschätzung ist bestmöglich, da a nach 2.10 eine der Zahlen $- \frac{1}{3}$ oder $\frac{1}{3}(c^k + c^{-k}) = \frac{2}{3} \cos \frac{2\pi k}{n}$ mit $1 \leq k \leq n-1$ ist.

<u>4.6 Definition.</u> Sei V ein Vektorraum über dem reellen Zahlkörper $\mathbb{R}$. Eine Teilmenge M von V heißt konvex, falls gilt: Sind $m_1, m_2 \in M$, so ist für $0 < t < 1$ auch

$$m_1 + t(m_2 - m_1) = (1-t)m_1 + tm_2 \in M .$$

(Anschaulich bedeutet dies, daß mit m_1 und m_2 auch deren Verbindungs-strecke ganz in M liegt.)

<u>4.7 Hilfssatz.</u> *Sei V ein Vektorraum über* $\mathbb{R}$ *und* $\emptyset \neq M \subseteq V$. *Wir bilden die Menge*

$$C(M) = \left\{ \sum_{i=1}^{s} a_i m_i \,\middle|\, m_i \in M,\ 0 \leqslant a_i \in \mathbb{R},\ \sum_{i=1}^{s} a_i = 1;\ s = 1,2\ldots \right\}.$$

a) *Es gilt* $M \subseteq C(M)$, *und* $C(M)$ *ist konvex.*

b) *Ist* $M \subseteq K \subseteq V$ *und* K *konvex, so gilt* $C(M) \subseteq K$.
Wir nennen $C(M)$ *die konvexe Hülle von M.*

<u>Beweis.</u> a) Seien $v,w \in C(M)$. Dann gilt

$$v = \sum_{i=1}^{r} a_i\, m_i \quad \text{und}\quad w = \sum_{j=1}^{s} b_j\, m_j'$$

mit $a_i \geqslant 0$, $b_j \geqslant 0$, $\sum_{i=1}^{r} a_i = \sum_{j=1}^{s} b_j = 1$ und $m_i, m_j' \in M$. Für alle t mit $0 \leqslant t \leqslant 1$ ist dann

$$tv + (1-t)w = \sum_{i=1}^{r} ta_i\, m_i + \sum_{j=1}^{s} (1-t)b_j\, m_j'$$

mit $ta_i \geqslant 0$, $(1-t)b_j \geqslant 0$ und

$$\sum_{i=1}^{r} ta_i + \sum_{j=1}^{s} (1-t)b_j = t + (1-t) = 1 .$$

Also folgt

$$tv + (1-t)w \in C(M) \qquad \text{für } 0 \leqslant t \leqslant 1 .$$

Somit ist $C(M)$ konvex.

b) Wir zeigen durch Induktion nach r: Sind $m_i \in M$ und $a_i > 0$ mit

$$\sum_{i=1}^{r} a_i = 1, \text{ so gilt}$$

$$\sum_{i=1}^{r} a_i\, m_i \in K .$$

Für $r = 1$ ist das wegen $M \subseteq K$ klar. Sei also $r > 1$, daher $a_r < 1$ und somit

$$\sum_{i=1}^{r-1} \frac{a_i}{1 - a_r} = 1 .$$

Gemäß Induktionsannahme gilt dann

$$w = (1 - a_r)^{-1} \sum_{i=1}^{r-1} a_i\, m_i \in K .$$

Wegen der Konvexität von K folgt

$$(1 - a_r)w + a_r\, m_r = \sum_{i=1}^{r} a_i\, m_i \in K\, .$$

q.e.d.

4.8 Satz. *Sei* A *eine doppelt stochastische Matrix vom Typ* (n,n). *Dann gibt es Permutationsmatrizen* P *und reelle Zahlen* $c_P > 0$ *mit*

$$\sum_P c_P = 1 \qquad und\ A = \sum_P c_P\, P\, .$$

(Nach **4.7** *heißt dies: Die konvexe Hülle der Menge aller Permutationsmatrizen vom Typ* (n,n) *ist die Menge aller doppelt stochastischen Matrizen vom Typ* (n,n)*.)*

Beweis (Gaschütz). a) Sei A doppelt stochastisch. Dann kann man nicht durch eine Vertauschung der Zeilen und eine anschließende Vertauschung der Spalten von A bewirken, daß A in eine Matrix der Gestalt

$$B = \begin{pmatrix} \diagdown & * \\ 0 & \diagdown \end{pmatrix}$$

übergeht, wobei das Nullenrechteck links unten über die Diagonale reicht:

Sonst wäre

$$B = \begin{pmatrix} \diagdown & \\ & 0 \\ & \end{pmatrix} \Big\} \ a$$
$$\underbrace{\hphantom{XXXX}}_{b}$$

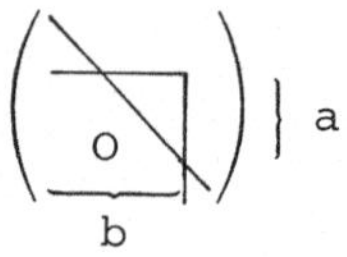

doppelt stochastisch mit $a + b > n$. Dann würde gelten

$$b = \sum_{j=1}^{b} \sum_{i=1}^{n} b_{ij} = \sum_{j=1}^{b} \sum_{i=1}^{n-a} b_{ij}$$

und

$$a = \sum_{i=n-a+1}^{n} \sum_{j=1}^{n} b_{ij} = \sum_{i=n-a+1}^{n} \sum_{j=b+1}^{n} b_{ij}\, .$$

Insgesamt folgte daraus der Widerspruch

$$n = \sum_{i,j=1}^{n} b_{ij} \geqslant a + b > n\, .$$

b) Sei $C = (c_{ij})$ eine Matrix vom Typ (n,n) mit $c_{ij} \geqslant 0$ und der Eigenschaft, daß durch keine Vertauschung von Zeilen und Spalten von C eine Matrix B der Gestalt

$$B = \begin{pmatrix} \diagdown & * \\ 0 & \diagdown \end{pmatrix}$$

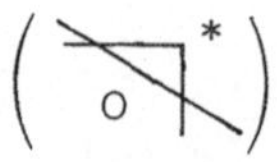

entsteht. Dann gibt es eine Permutation π auf $\{1,\ldots,n\}$ mit $c_{i,i\pi} > 0$
für alle $i = 1,\ldots,n$:

Es genügt, diese Eigenschaft zu beweisen für irgendeine Matrix
$D = (d_{ij})$, die aus C durch Vertauschen von Zeilen und Spalten hervor-
geht: Ist nämlich $d_{ij} = c_{i\rho,j\sigma}$ und $d_{i,i\tau} > 0$ für geeignete Permutationen ρ, σ, τ, so gilt auch

$$c_{i,i\rho^{-1}\tau\sigma} = d_{i\rho^{-1},i\rho^{-1}\tau} > 0$$

für alle i.

Fall 1: Sei - nötigenfalls nach geeigneter Vertauschung von Zeilen
und Spalten -

$$C = \begin{pmatrix} C_1 & * \\ O & C_2 \end{pmatrix} \left.\right\} k \quad ,$$

wobei das Nullenrechteck links unten gerade bis zur Diagonalen reicht,
also C_1 und C_2 quadratische Matrizen sind. Enthielte C_1 (eventuell
nach einer Vertauschung seiner Zeilen und Spalten) ein Rechteck links
unten, mit lauter Nullen besetzt, das über die Diagonale von C_1 reicht,
so hätte man auch in

$$C = \begin{pmatrix} O & * & * \\ O & O & C_2 \end{pmatrix}$$

links unten ein Nullenrechteck, das über die Diagonale reicht, entgegen
der Annahme.

Also erfüllt C_1 wieder die Voraussetzung. Gemäß einer Induktionsannahme
gibt es dann eine Permutation π_1 auf $\{1,\ldots,k\}$ mit $c_{i,i\pi_1} > 0$ für
$1 \leqslant i \leqslant k$. Analog sieht man, daß auch C_2 die Voraussetzung erfüllt.
Somit existiert eine Permutation π_2 auf $\{k+1,\ldots,n\}$ mit $c_{i,i\pi_2} > 0$
für $i = k+1,\ldots,n$. Setzen wir

$$i\pi = \begin{cases} i\pi_1 & \text{für } 1 \leqslant i \leqslant k \\ i\pi_2 & \text{für } k+1 \leqslant i \leqslant n \ , \end{cases}$$

so ist π eine Permutation auf $\{1,\ldots,n\}$ mit $c_{i,i\pi} > 0$ für $i = 1,\ldots,n$.

Fall 2: Nun reiche nach keiner Vertauschung von Zeilen und Spalten
von C ein Nullenrechteck bis auf die Diagonale. Wir vertauschen Zeilen
und Spalten so, daß $c_{1n} > 0$ gilt, also

$$C = \begin{pmatrix} * & c_{1n} \\ D & * \end{pmatrix} .$$

In D liefert keine Vertauschung von Zeilen und Spalten ein Nullenrechteck, das über die Diagonale von D reicht, denn sonst würde dieses Rechteck mindestens bis zur Diagonale von C reichen. Nach Induktionsannahme
gibt es daher eine Permutation ρ auf $\{1,\ldots,n-1\}$ mit $d_{i,i\rho} > 0$
für $i = 1,\ldots,n-1$. Wir beachten nun

$$d_{ij} = c_{i+1,j} \qquad \text{für } i,j = 1,\ldots,n-1 .$$

Definieren wir die Permutation π auf $\{1,\ldots,n\}$ durch

$$\pi = \begin{pmatrix} 1 & 2 & 3 & \cdots & n \\ n & 1\rho & 2\rho & \cdots & (n-1)\rho \end{pmatrix} ,$$

so ist

$$c_{1,1\pi} = c_{1n} > 0 \qquad \text{und}$$

$$c_{i,i\pi} = d_{i-1,i\pi} = d_{i-1,(i-1)\rho} > 0 \qquad \text{für } 2 \leqslant i \leqslant n .$$

c) Sei nun A doppelt stochastisch vom Typ (n,n). Wir beweisen Satz 4.8
durch Induktion nach der Anzahl der positiven a_{ij}. Nach a) und b) gibt
es eine Permutation π mit $a_{i,i\pi} > 0$ für alle $i = 1,\ldots,n$. Sei

$$a = \operatorname*{Min}_{i} a_{i,i\pi} ,$$

also $a > 0$, und sei P die Permutationsmatrix zu π. Dann hat $A - aP$
lauter nichtnegative Einträge, aber sicher mehr Nullen als A. Alle
Zeilen- und Spaltensummen von $A - aP$ sind gleich $1 - a$. Ist $a = 1$, so
gilt $a_{i,i\pi} = 1$ für alle i, also $a_{ij} = 0$ für $j \neq i\pi$, und dann ist $A = P$.
Sei also $a < 1$. Dann ist

$$(1-a)^{-1}(A - aP)$$

doppelt stochastisch und hat mehr Nullen als A. Gemäß Induktionsannahme gilt daher

$$(1-a)^{-1}(A - aP) = \sum_{Q} d_Q\, Q$$

mit $d_Q > 0$, $\sum_{Q} d_Q = 1$ und geeigneten Permutationsmatrizen Q.

Es folgt

$$A = aP + \sum_{Q} (1-a)d_Q\, Q$$

mit $a > 0$, $(1-a)d_Q > 0$ und

$$a + \sum_Q (1-a)d_Q = a + (1-a) = 1 \ .$$

q.e.d.

Satz 4.8 ist beweistechnisch gleichwertig zu einem kombinatorischen Satz, dem sog. *Heiratssatz* : Sei eine Menge aus n Jungen und n Mädchen gegeben. Zu jedem Jungen i sei eine nichtleere Menge $A(i)$ von Mädchen gegeben, welche mit dem Jungen i befreundet sind. Man soll die Jungen und Mädchen so verheiraten, daß jeder Junge mit einem befreundeten Mädchen verheiratet wird. Wann ist dies möglich? Notwendig ist sicher, daß für jede Teilmenge $M \subseteq \{1,\ldots,n\}$ gilt

$$\left| \bigcup_{i \in M} A(i) \right| \ \geq \ |M| \ .$$

Der Heiratssatz besagt, daß diese Bedingung auch hinreichend ist. (Siehe K. Jacobs, Selecta Mathematica I, S. 105 und III, S. 98.)

<u>4.9 Satz.</u> *Sei* Σ_n *die Menge der Eigenwerte aller stochastischen Matrizen vom Typ* (n,n) *und* Δ_n *die Menge der Eigenwerte aller doppelt stochastischen Matrizen vom Typ* (n,n). *Ferner sei für* $k \geq 2$

$$Z_k = \left\{ \sum_{j=0}^{k-1} c_j \, e^{\frac{2\pi i}{k} j} \ \middle| \ c_j \geq 0, \ \sum_{j=0}^{k-1} c_j = 1 \right\}$$

die konvexe Hülle der Punkte

$$1, \ e^{\frac{2\pi i}{k}}, \ \ldots, \ e^{\frac{2\pi i}{k}(k-1)} \ ,$$

also die Menge der Punkte innerhalb des abgeschlossenen regulären k-Ecks, welches den Mittelpunkt in 0 und eine Ecke in 1 hat. Schließlich sei T_n *die konvexe Hülle*

von $\displaystyle\bigcup_{k=2}^{n} Z_k$.

Dann gilt :

a) $\displaystyle\bigcup_{k=2}^{n} Z_k \subseteq \Delta_n \subseteq \Sigma_n$.

b) $\Delta_n \subseteq T_n$

<u>Beweis.</u> a) Sei $c_j \geq 0$ mit $\displaystyle\sum_{j=0}^{k-1} c_j = 1$. Nach 2.9 ist dann

$$A = \begin{pmatrix} c_0 & c_1 & \cdots & c_{k-1} & \\ c_{k-1} & c_0 & \cdots & c_{k-2} & O \\ \vdots & \vdots & & \vdots & \\ c_1 & c_2 & \cdots & c_0 & \\ & O & & & E_{n-k} \end{pmatrix}$$

doppelt stochastisch vom Typ (n,n) mit dem Eigenwert $\sum\limits_{j=0}^{k-1} c_j \, e^{\frac{2\pi i}{k} j}$.

Also gilt $Z_k \subseteq \Delta_n \subseteq \Sigma_n$ für $2 \leqslant k \leqslant n$.

b) Sei nun A doppelt stochastisch und $Av = av$ mit $v \neq O$. Wir verwenden das kanonische hermitesche Skalarprodukt auf dem komplexen Hilbertraum der Spaltenvektoren mit

$$(u,w) = \sum\limits_{j=1}^{n} u_j \, \overline{w}_j \ .$$

Wir wählen den Eigenvektor v mit $(v,v) = 1$. Nach 4.8 gilt

$$A = \sum\limits_{k=1}^{r} c_k \, P_k$$

mit $c_k > O$, $\sum\limits_{k=1}^{r} c_k = 1$ und geeigneten Permutationsmatrizen P_k.

Daraus folgt

$$a = (Av,v) = \sum\limits_{k=1}^{r} c_k \, (P_k v, v) \ .$$

Somit genügt der Nachweis, daß für jede Permutationsmatrix P gilt

$$\{ (Pw,w) \mid (w,w) = 1 \} \subseteq \bigcup\limits_{k=2}^{n} Z_k \ .$$

Sei ohne Beschränkung der Allgemeinheit

$$P = \begin{pmatrix} P_1 & \cdots & O \\ O & \cdots & P_s \end{pmatrix} ,$$

wobei jedes P_j eine zyklische Matrix der Gestalt

$$P_j = \begin{pmatrix} O & 1 & O & \cdots & O \\ O & O & 1 & \cdots & O \\ \vdots & \vdots & \vdots & & \vdots \\ 1 & O & O & \cdots & O \end{pmatrix}$$

vom Typ (n_j, n_j) sei mit $\sum\limits_{j=1}^{s} n_j = n$. Ist $c_j = e^{\frac{2\pi i}{n_j}}$, so folgt aus 2.9

die Existenz von Eigenvektoren v_{jk} mit

$$Pv_{jk} = c_j^k \, v_{jk} \qquad (j = 1,\ldots,s; \ k = 0,\ldots,n_j-1)$$

und

$$(v_{jk}, v_{tu}) = \delta_{jt} \, \delta_{ku} \ .$$

Sei nun $w = \sum_{j,k} x_{jk} \, v_{jk}$ mit $(w,w) = 1$ und $x_{jk} \in \mathbb{C}$. Dann folgt

$$(Pw,w) = \sum_{j,k} |x_{jk}|^2 \, c_j^k \qquad \text{und} \quad 1 = (w,w) = \sum_{j,k} |x_{jk}|^2 \ .$$

Somit liegt (Pw,w) in der konvexen Hülle der c_j^k, also wegen

$$c_j^k \in Z_{n_j} \subseteq \bigcup_{r=2}^{n} Z_r$$

auch in der konvexen Hülle von $\bigcup_{r=2}^{n} Z_r$. $\qquad \underline{\text{q.e.d.}}$

Für $n = 4$ erhält man zum Beispiel, daß jede komplexe Zahl aus dem schraffierten Bereich Eigenwert einer doppelt stochastischen Matrix vom Typ (4,4) ist, während jeder Eigenwert einer doppelt stochastischen Matrix vom Typ (4,4) in dem dick berandeten Bereich liegt. Es scheint unbekannt zu sein, ob stets

$$\Sigma_n = \Delta_n = \bigcup_{k=2}^{n} Z_k$$

gilt. Für $n = 3$ ist das richtig (siehe Aufgabe 25).

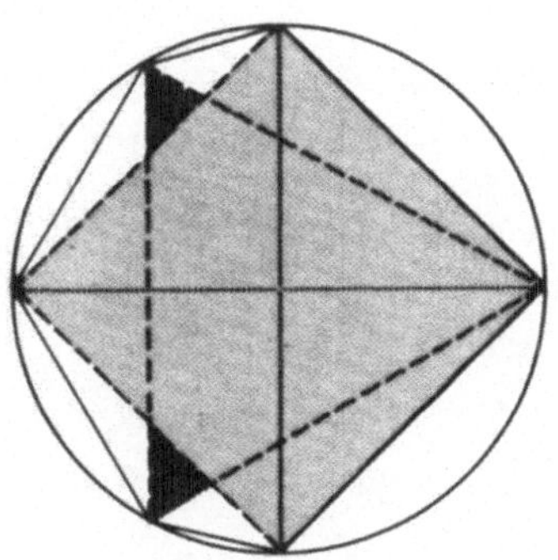

<u>4.10 Bemerkung.</u> Die Rechnung aus dem Beweis von 4.9 b) zeigt übrigens: Sei P eine Matrix vom Typ (n,n), für welche es n paarweise orthogonale Eigenvektoren v_j gibt mit $Pv_j = a_j \, v_j$. Dann ist

$$\{ (Pw,w) \mid (w,w) = 1 \}$$

die konvexe Hülle der Eigenwerte $a_1,\ldots,a_n$ von P. Matrizen, für welche es solche Eigenvektoren v_j gibt, heißen normal. Die Menge

$$\{\,(Pw,w)\mid (w,w) = 1\,\}$$

nennt man bei beliebiger Matrix P den numerischen Wertebereich von P. Dieser ist nach einem Satz von Hausdorff immer konvex, für nichtnormales P kann er aber größer sein als die konvexe Hülle der Eigenwerte von P. (Siehe M.H.Stone, Linear Transformations in Hilbert Space, S.131.)

A u f g a b e n

<u>21</u>) Sei A eine unzerlegbare und sehr gute stochastische Matrix vom Typ (n,n).

a) Ist $a_{ii} > 0$ für alle $i = 1,\ldots,n$, so hat A^{n-1} lauter positive Einträge.

b) Ist $a_{ii} > 0$ für wenigstens ein i, so hat $A^{2(n-1)}$ lauter positive Einträge.

<u>22</u>) Sei $A = (a_{ij})$ stochastisch vom Typ (n,n) und $m^+ = \min\limits_{a_{ij}>0} a_{ij}$. Jede Zeile von A enthalte höchstens k Nullen. Ist a ein Eigenwert von A mit $|a| < 1$, so gilt

$$|a| \leqslant 1 - (n-2k)\, m^+ \ .$$

<u>23</u>) Sei A eine doppelt stochastische unzerlegbare Matrix vom Typ (n,n). Wegen 4.8 gilt

$$A = \sum_{\pi \in S_n} c_\pi\, P_\pi$$

mit $c_\pi \geqslant 0$ und $\sum\limits_{\pi \in S_n} c_\pi = 1$, wobei P_π die zur Permutation π gehörende Matrix sei. Wir setzen für diese Zerlegung von A

$$T(A) = \{\pi \mid c_\pi > 0\} \ .$$

Dann sind gleichwertig:

a) A ist sehr gut.

b) Es gibt einen Zustand i und teilerfremde natürliche Zahlen r,s, sowie Permutationen $\pi_1,\ldots,\ \pi_r,\ \pi_1',\ldots,\ \pi_s' \in T(A)$ mit

$$i = i\,\pi_1 \,\ldots\, \pi_r = i\,\pi_1' \,\ldots\, \pi_s' \ .$$

<u>24</u>) a) Sei A eine doppelt stochastische unzerlegbare Matrix vom Typ

(n,n). Ist a ein Eigenwert von A mit $|a| = 1$ und m die kleinste natürliche Zahl mit $a^m = 1$, so ist m ein Teiler von n.

b) Man gebe ein Beispiel dafür an, daß die Voraussetzung "doppelt
stochastisch" in a) unentbehrlich ist.

$\underline{25}$) Man beweise

$$\Sigma_3 = \Delta_3 = Z_2 \cup Z_3$$

auf folgendem Wege:

a) Sicher gilt $Z_2 \cup Z_3 \subseteq \Delta_3 \subseteq \Sigma_3$.

b) Sei $a = b + ic$ mit reellen b, c ein nichtreeller Eigenwert einer
stochastischen Matrix $A = (a_{ij})$ vom Typ $(3,3)$. Man zeige zuerst
$-\frac{1}{2} \leqslant b \leqslant 1$.

c) Man beweise

$$a + \bar{a} + a\bar{a} = \sum_{1 \leqslant j < k \leqslant 3} \begin{vmatrix} a_{jj} & a_{jk} \\ a_{kj} & a_{kk} \end{vmatrix}$$

$$\leqslant \sum_{1 \leqslant j < k \leqslant 3} a_{jj}\, a_{kk} \leqslant \frac{1}{3} \left(\sum_{j=1}^{3} a_{jj} \right)^2 .$$

Daraus schließe man auf $|c| \leqslant \frac{1-b}{\sqrt{3}}$, also $a \in Z_3$.

§ 5 Irrfahrten und verwandte Probleme

Wir beweisen zuerst einen Satz über die Eigenwerte von reellen *Jacobi-Matrizen* (auch *Dreibandmatrizen* genannt), welche nicht notwendig stochastisch sein müssen.

<u>5.1 Satz.</u> *Sei*

$$
A = \begin{pmatrix}
a_1 & b_1 & 0 & 0 & & & \\
c_1 & a_2 & b_2 & 0 & & & \\
0 & c_2 & a_3 & b_3 & & & \\
& & & & & & \\
& & & c_{n-2} & a_{n-1} & b_{n-1} \\
& & & 0 & c_{n-1} & a_n
\end{pmatrix}
$$

mit reellen a_i, b_i, c_i.

a) *Ist* $b_i c_i \geqslant 0$ *für* $i = 1,\ldots,n-1$, *so hat* A *dasselbe charakteristische Polynom wie die symmetrische Matrix*

$$
B = \begin{pmatrix}
a_1 & d_1 & 0 & 0 & & & \\
d_1 & a_2 & d_2 & 0 & & & \\
0 & d_2 & a_3 & d_3 & & & \\
& & & & & & \\
& & & d_{n-2} & a_{n-1} & d_{n-1} \\
& & & 0 & d_{n-1} & a_n
\end{pmatrix}
$$

mit $d_i = \sqrt{b_i c_i}$. *Insbesondere sind alle Eigenwerte von* A *reell.*

b) *Ist* $b_i c_i > 0$ *für* $i = 1,\ldots,n-1$, *so hat jeder Eigenwert von* A *die Vielfachheit* 1.

<u>Beweis.</u> a) Sei f_A das charakteristische Polynom von A und $f_A^{(k)}$ das charakteristische Polynom der Abschnittsmatrix vom Typ (k,k) von A links oben. Für $n \leqslant 2$ ist die Behauptung offenbar richtig. Sei also $n \geqslant 3$. Die Entwicklung von f_A nach der letzten Zeile ergibt

$$
\begin{aligned}
f_A &= f_A^{(n-1)} (x - a_n) + c_{n-1} \det
\begin{pmatrix}
x - a_1 & -b_1 & \cdots & 0 \\
& & & \vdots \\
& & & 0 \\
& & & -b_{n-1}
\end{pmatrix} \\
&= f_A^{(n-1)} (x - a_n) - b_{n-1} c_{n-1}\, f_A^{(n-2)} \ .
\end{aligned}
$$

Analog ergibt sich

$$f_B = f_B^{(n-1)} (x - a_n) - d_{n-1}^2 f_B^{(n-2)} \ .$$

Gemäß einer Induktion nach n können wir $f_A^{(j)} = f_B^{(j)}$ für $j < n$ annehmen. Also folgt $f_A = f_B$.

b) Nach a) genügt der Beweis der Behauptung für die Matrix B. Sei b ein Eigenwert von B und $z = (z_1, \ldots, z_n) \neq O$ mit $bz = zB$. Das bedeutet

$$
\begin{aligned}
b\,z_1 &= a_1\,z_1 + d_1\,z_2 \\
b\,z_2 &= d_1\,z_1 + a_2\,z_2 + d_2\,z_3 \\
&\ \vdots \\
b\,z_i &= d_{i-1}\,z_{i-1} + a_i\,z_i + d_i\,z_{i+1} \\
&\ \vdots \\
b\,z_{n-1} &= d_{n-2}\,z_{n-2} + a_{n-1}\,z_{n-1} + d_{n-1}\,z_n \ .
\end{aligned}
$$

Wegen $d_i \neq O$ sind dadurch $z_2, \ldots, z_n$ rekursiv und eindeutig als Vielfache von z_1 berechenbar. Da B symmetrisch ist, ist die Vielfachheit von b als Eigenwert von B bekanntlich gleich der Dimension des Raumes der Eigenvektoren zu b, ist also gleich 1.   <u>q.e.d.</u>

<u>5.2 Satz.</u> *Sei* A *eine stochastische Matrix der Gestalt*

$$
A = \begin{pmatrix}
q_1 & r_1 & 0 & 0 & \cdots & 0 & 0 & 0 \\
p_2 & q_2 & r_2 & 0 & \cdots & 0 & 0 & 0 \\
\vdots & \vdots & \vdots & \vdots & & \vdots & \vdots & \vdots \\
0 & 0 & 0 & 0 & \cdots & p_{n-1} & q_{n-1} & r_{n-1} \\
0 & 0 & 0 & 0 & \cdots & 0 & p_n & q_n
\end{pmatrix} \ .
$$

a) *Sind alle* $p_i > O$ *oder alle* $r_i > O$, *so ist* 1 *einfacher Eigenwert von* A. *Jeder Eigenvektor* z *mit* $zA = z$ *hat dann die Gestalt*

$$z = z_1 \left(1, \frac{r_1}{p_2}, \frac{r_1 r_2}{p_2 p_3}, \ \ldots\ , \frac{r_1 \cdots r_{n-1}}{p_2 \cdots p_n} \right) \ \textit{für} \ \ p_2 \cdots p_n > O$$

bzw.

$$z = z_n \left(\frac{p_2 \cdots p_n}{r_1 \cdots r_{n-1}}, \frac{p_3 \cdots p_n}{r_2 \cdots r_{n-1}}, \ \ldots\ , \frac{p_n}{r_{n-1}}, \ 1 \right) \ \textit{für} \ r_1 \cdots r_{n-1} > O \ .$$

b) *Sind alle* p_i *und alle* r_i *sowie mindestens ein* q_i *positiv, so ist* A *unzerlegbar und sehr gut. Dann gilt*

$$\lim_{k \to \infty} A^k = \begin{pmatrix} z_1 & \cdots & z_n \\ \vdots & & \vdots \\ z_1 & \cdots & z_n \end{pmatrix} \ ,$$

wobei die z_i *wie unter* a) *mit der Nebenbedingung* $\sum_{i=1}^{n} z_i = 1$ *zu berechnen sind.*

c) *Sind alle $q_i = 0$, so ist -1 ein Eigenwert von A, und $\lim\limits_{k \to \infty} A^k$ existiert nicht.*

d) *Ist a ein Eigenwert von A mit $|a| = 1$, so gilt $a = \pm 1$. Also existieren*

$$\lim_{k \to \infty} A^{2k} \quad und \quad \lim_{k \to \infty} A^{2k+1} \; .$$

<u>Beweis.</u> a) $z = zA$ bedeutet

$$z_1 = z_1 q_1 + z_2 p_2$$
$$z_2 = z_1 r_1 + z_2 q_2 + z_3 p_3$$
$$\vdots$$
$$z_i = z_{i-1} r_{i-1} + z_i q_i + z_{i+1} p_{i+1}$$
$$\vdots$$
$$z_n = z_{n-1} r_{n-1} + z_n q_n \; .$$

Das liefert zuerst

$$z_2 p_2 = z_1 (1 - q_1) = z_1 r_1 \; .$$

Wir zeigen durch Induktion nach i, daß

$$z_{i+1} p_{i+1} = z_i r_i$$

gilt: Für $i+1 < n$ ist

$$z_{i+1} p_{i+1} = z_i (1 - q_i) - z_{i-1} r_{i-1}$$
$$= z_i (1 - q_i) - z_i p_i = z_i r_i \; .$$

Aus der letzten Gleichung oben folgt direkt

$$z_{n-1} r_{n-1} = z_n (1 - q_n) = z_n p_n \; .$$

Ist $p_2 \cdots p_n > 0$, so ergibt sich die angegebene Gestalt von z; ähnlich schließt man für $r_1 \cdots r_{n-1} > 0$.
(Gilt $p_2 \cdots p_n > 0$ *und* $r_1 \cdots r_{n-1} > 0$, so ist A offenbar unzerlegbar; dann folgt bereits mit 2.12 c), daß 1 einfacher Eigenwert von A ist.)

b) Ist $p_2 \cdots p_n > 0$ und $r_1 \cdots r_{n-1} > 0$ und ist wenigstens ein q_i positiv, so ist A nach 2.12 d) sehr gut. Mit 3.4 folgt dann die Behauptung.

c) Seien alle $q_i = 0$. Dann ist

$$A \begin{pmatrix} 1 \\ -1 \\ 1 \\ \vdots \\ (-1)^{n-1} \end{pmatrix} = \begin{pmatrix} -r_1 \\ p_2 + r_2 \\ -p_3 - r_3 \\ \vdots \\ p_n (-1)^{n-2} \end{pmatrix} = - \begin{pmatrix} 1 \\ -1 \\ 1 \\ \vdots \\ (-1)^{n-1} \end{pmatrix} \; .$$

Also ist -1 ein Eigenwert von A.

(Dies folgt auch aus 2.8 a): Faßt man nämlich die Zustände mit gerader bzw. ungerader Nummer zusammen, so erhält man eine Matrix der Gestalt

$$\begin{pmatrix} O & B_O \\ B_1 & O \end{pmatrix} .)$$

d) Die Aussage über die Eigenwerte folgt sofort aus 5.1 a), der Rest ergibt sich aus 3.7. <u>q.e.d.</u>

<u>5.3 Beispiel.</u> Sei

$$A = \begin{pmatrix} 1 & O & O \\ \frac{1}{3} & \frac{1}{3} & \frac{1}{3} \\ O & O & 1 \end{pmatrix} .$$

Indem man die Zustände 2 und 3 vertauscht, erhält man die Matrix

$$B = \begin{pmatrix} 1 & O & O \\ O & 1 & O \\ \frac{1}{3} & \frac{1}{3} & \frac{1}{3} \end{pmatrix} .$$

Mit 3.10 b) folgt dann

$$\lim_{k \to \infty} B^k = \begin{pmatrix} 1 & O & O \\ O & 1 & O \\ \frac{1}{2} & \frac{1}{2} & O \end{pmatrix} .$$

Also gilt

$$\lim_{k \to \infty} A^k = \begin{pmatrix} 1 & O & O \\ \frac{1}{2} & O & \frac{1}{2} \\ O & O & 1 \end{pmatrix} .$$

Diese Matrix hat keineswegs gleiche Zeilen. Also sind die Voraussetzungen in 5.2 b) nicht entbehrlich. (Man vergleiche auch Aufgabe 20).)

Stochastische Jacobi-Matrizen treten bei vielen Problemen auf.

<u>5.4 Beispiele</u> (*eindimensionale Irrfahrt*, auch *random walk* genannt).

Auf der Geraden mit den Punkten $1,\dots,n$ bewege sich eine Person. Das System sei im Zustande i, wenn sie sich im Punkte i befindet. Im Elementarprozeß kann die Person vom Punkt i höchstens einen Schritt abweichen, und zwar

gehe sie nach i-1 mit Wahrscheinlichkeit p_i,

verbleibe sie in i mit Wahrscheinlichkeit q_i,

und gehe sie nach i+1 mit Wahrscheinlichkeit r_i.

Das liefert dann die Übergangsmatrix A aus 5.2.

Für spezielle Parameterwerte werden die Formeln aus 5.2 durchsichtiger.

(1) Sei

$$A = \begin{pmatrix} p & q & 0 & 0 \\ p & 0 & q & 0 \\ 0 & p & 0 & q \\ & & & & p & 0 & q \\ & & & & 0 & p & q \end{pmatrix}$$

mit $p + q = 1$, $p > 0$, $q > 0$ (beide Ränder sind *"partiell reflektierend"*). Dann ist 5.2 b) anwendbar. Also ist

$$\lim_{k \to \infty} A^k = \begin{pmatrix} z \\ \vdots \\ z \end{pmatrix}$$

mit

$$z = z_1\left(1, \frac{q}{p}, \left(\frac{q}{p}\right)^2, \ldots, \left(\frac{q}{p}\right)^{n-1}\right)$$

und

$$z_1\left(1 + \frac{q}{p} + \cdots + \left(\frac{q}{p}\right)^{n-1}\right) = 1 .$$

Ist $q < p$, so ist 1 die Position mit größter Wahrscheinlichkeit, für $q > p$ ist n die Position mit größter Wahrscheinlichkeit. Für $p = q = \frac{1}{2}$ sind alle z_i gleich.

(2) Sei

$$A = \begin{pmatrix} 0 & 1 & 0 & 0 \\ p & 0 & q & 0 \\ 0 & p & 0 & q \\ & & & & 0 & q & 0 \\ & & & & p & 0 & q \\ & & & & 0 & 1 & 0 \end{pmatrix}$$

mit $p + q = 1$, $p > 0$, $q > 0$ (beide Ränder sind *"total reflektierend"*). Nach 5.2 c) existiert nun $\lim_{k \to \infty} A^k$ nicht. Aber nach 3.5 gilt

$$\lim_{k \to \infty} \frac{1}{k} \sum_{i=0}^{k-1} A^i = \begin{pmatrix} z \\ \vdots \\ z \end{pmatrix} ,$$

wobei z nach 5.2 a) bestimmt ist als

$$z = z_1\left(1, \frac{1}{p}, \frac{q}{p^2}, \ldots, \frac{q^{n-3}}{p^{n-2}}, \frac{q^{n-2}}{p^{n-2}}\right).$$

Für $p = q = \frac{1}{2}$ ist insbesondere $z = z_1 (1,2,2,\ldots,2,1)$.

Für $1 > q > p$ ist $\frac{q^{n-3}}{p^{n-2}}$ der größte Eintrag (Tendenz nach rechts, aber abstoßende Wirkung des Randpunktes). Für $1 > p > q$ ist $\frac{1}{p}$ der größte Eintrag (analoge Tendenz nach links).

(3) Liege schließlich der gemischte Fall mit $pq > 0$ vor, also

$$A = \begin{pmatrix} p & q & 0 & 0 & & & \\ p & 0 & q & 0 & & & \\ 0 & p & 0 & q & & & \\ & & & & p & 0 & q \\ & & & & 0 & 1 & 0 \end{pmatrix}.$$

Dann liefert 5.2 b)

$$\lim_{k \to \infty} A^k = \begin{pmatrix} z \\ \vdots \\ z \end{pmatrix}$$

mit

$$z = z_1 \left(1, \frac{q}{p}, \left(\frac{q}{p} \right)^2, \ldots, \left(\frac{q}{p} \right)^{n-2}, q \left(\frac{q}{p} \right)^{n-2} \right).$$

Für $p = q = \frac{1}{2}$ folgt insbesondere $z = z_1 (1, 1, \ldots, 1, \frac{1}{2})$.

Für $1 > p > q$ ist 1 der maximale Eintrag. Für $1 > q > p$ ist $\left(\frac{q}{p} \right)^{n-2}$ der maximale Eintrag.

Interessanter sind folgende Beispiele, die sich ebenfalls Satz 5.2 unterordnen.

<u>5.5 Beispiele.</u> a) Auf zwei Urnen U_1 und U_2 seien n schwarze und n weiße Kugeln verteilt, und zwar genau n (>1) Kugeln in jeder Urne. Das System befinde sich im Zustande i mit $0 \leqslant i \leqslant n$, wenn U_1 genau i weiße (und somit n-i schwarze) Kugeln enthält. Der Elementarprozeß sei die blinde Ziehung je einer Kugel aus U_1 und U_2 und deren Vertauschung. Dabei nehmen wir an, daß jede Kugel mit derselben Wahrscheinlichkeit $\frac{1}{n}$ gezogen wird. Die möglichen Typen von Kugelpaaren sind

$$(s,s), \quad (w,w), \quad (s,w), \quad (w,s),$$

wobei die aus U_1 gezogene Kugel an erster Stelle, s für schwarz und w für weiß steht. Dann berechnet sich die Übergangsmatrix $A = (a_{ij})$ $(0 \leqslant i,j \leqslant n)$ wie folgt:

$$a_{ii} = \underbrace{\frac{i}{n} \frac{n-i}{n}}_{\substack{\text{Wahrscheinlichkeit} \\ \text{für } (w,w)}} + \underbrace{\frac{n-i}{n} \frac{i}{n}}_{\substack{\text{Wahrscheinlichkeit} \\ \text{für } (s,s)}} = \frac{2(n-i)i}{n^2},$$

$$a_{i,i-1} = \frac{i}{n}\,\frac{i}{n} = \frac{i^2}{n^2}$$

$$\text{Wahrscheinlichkeit}$$
$$\text{für} \quad (w,s)$$

$$a_{i,i+1} = \frac{n-i}{n}\,\frac{n-i}{n} = \frac{(n-i)^2}{n^2}$$

$$\text{Wahrscheinlichkeit}$$
$$\text{für} \quad (s,w)$$

Alle übrigen a_{ij} sind gleich O. Also erhalten wir als Übergangsmatrix die Jacobi-Matrix

$$A = \begin{pmatrix} O & 1 & O & O & & & \\ a_{10} & a_{11} & a_{12} & O & & & \\ O & a_{21} & a_{22} & a_{23} & & & \\ & & & & & & \\ & & & & O & 1 & O \end{pmatrix}.$$

Somit ist 5.2 anwendbar und liefert

$$\lim_{k \to \infty} A^k = \begin{pmatrix} z \\ \vdots \\ z \end{pmatrix}$$

mit

$$z = z_0 \left(1, \frac{1}{a_{10}}, \frac{a_{12}}{a_{10}\,a_{21}}, \ \ldots \ , \frac{a_{12}\,a_{23}\,\cdots\,a_{n-1,n}}{a_{10}\,a_{21}\,\cdots\,a_{n,n-1}} \right).$$

Dabei ist

$$\frac{a_{12}\,a_{23}\,\cdots\,a_{i-1,i}}{a_{10}\,a_{21}\,\cdots\,a_{i,i-1}} = \frac{(n-1)^2}{n^2}\,\frac{(n-2)^2}{n^2}\,\cdots\,\frac{(n-i+1)^2}{n^2} \times \frac{n^2}{1^2}\,\frac{n^2}{2^2}\,\cdots\,\frac{n^2}{i^2}$$

(mit $i-1$ Faktoren vor dem Kreuz und i Faktoren danach)

$$= \frac{n^2\,(n-1)^2\,\cdots\,(n-i+1)^2}{1^2\,2^2\,\cdots\,i^2} = \binom{n}{i}^2.$$

Also erhalten wir

$$z = z_0 \left(\binom{n}{0}^2, \ \binom{n}{1}^2, \ \ldots \ , \ \binom{n}{n}^2 \right)$$

mit

$$1 = z_0 \sum_{i=0}^{n} \binom{n}{i}^2.$$

Wir zeigen

$$\sum_{i=0}^{n} \binom{n}{i}^2 = \binom{2n}{n} :$$

Es gilt nämlich die Polynomidentität

$$\sum_{j=0}^{2n} \binom{2n}{j} x^j = (1 + x)^{2n} = (1 + x)^n (1 + x)^n$$

$$= \sum_{i=0}^{n} \binom{n}{i} x^i \sum_{k=0}^{n} \binom{n}{k} x^k = \sum_{j=0}^{2n} x^j \sum_{i+k=j} \binom{n}{i} \binom{n}{k} .$$

Der Vergleich des Koeffizienten von x^n liefert

$$\binom{2n}{n} = \sum_{i=0}^{n} \binom{n}{i} \binom{n}{n-i} = \sum_{i=0}^{n} \binom{n}{i}^2 .$$

Also erhalten wir

$$\lim_{k \to \infty} A^k = \begin{pmatrix} z_0 & z_1 & \cdots & z_n \\ \vdots & \vdots & \cdots & \vdots \\ z_0 & z_1 & \cdots & z_n \end{pmatrix}$$

mit

$$z_i = \frac{\binom{n}{i}^2}{\binom{2n}{n}} .$$

Dieses z_i ist aber auch die Wahrscheinlichkeit dafür, bei Ziehung von n Kugeln aus unseren 2n Kugeln gerade i weiße zu erhalten: Denn es gibt

$$\binom{n}{i} \binom{n}{n-i} = \binom{n}{i}^2$$

Mengen aus i weißen und n-i schwarzen Kugeln in der Menge unserer 2n Kugeln und $\binom{2n}{n}$ Mengen aus n Kugeln.

b) (*Ehrenfest Diffusion*) Ein Gefäß sei durch eine Membran in zwei Abteilungen T_1 und T_2 zerlegt. Im Gefäß seien insgesamt n Moleküle der gleichen Art. Der Zustand i ($0 \leq i \leq n$) liege vor, wenn genau i Moleküle in T_1 sind. Im Elementarprozeß wechsele genau ein Molekül die Abteilung, jedes mit derselben Wahrscheinlichkeit. Die Übergangsmatrix ist dann

$$A = \begin{pmatrix} 0 & 1 & 0 & 0 & & & \\ \frac{1}{n} & 0 & \frac{n-1}{n} & 0 & & & \\ 0 & \frac{2}{n} & 0 & \frac{n-2}{n} & & & \\ & & & & \frac{n-1}{n} & 0 & \frac{1}{n} \\ & & & & 0 & 1 & 0 \end{pmatrix} .$$

Mit 5.2 a) und 3.5 folgt

$$\lim_{k \to \infty} \frac{1}{k} \sum_{i=0}^{k-1} A^i = \begin{pmatrix} z \\ \vdots \\ z \end{pmatrix} \, ,$$

wobei

$$z = z_0 \left(1, \frac{n}{1}, \frac{n(n-1)}{1 \; 2} \, , \; \ldots \, , \frac{n(n-1) \; \cdots \; 1}{1 \; 2 \; \cdots \; n} \right)$$

$$= z_0 \left(1, \binom{n}{1}, \binom{n}{2} \, , \; \ldots \, , \binom{n}{n} \right) \, .$$

Dabei ist

$$1 = z_0 \sum_{i=0}^{n} \binom{n}{i} = z_0 \, 2^n \, .$$

Also gilt

$$z_i = 2^{-n} \binom{n}{i} \, .$$

Nach 5.2 c) existiert in diesem Beispiel $\lim_{k \to \infty} A^k$ nicht. Der Grund dafür ist anschaulich klar: Im Elementarprozeß wechselt man aus einem geraden Zustand in einen ungeraden und umgekehrt.

Wir greifen das in 2.8 b) behandelte Beispiel in größerer Allgemeinheit wieder auf.

<u>5.6 Definition.</u> a) Vorgegeben sei ein *Labyrinth*, d.h. ein System aus n *Kammern*, welche die Nummern 1 bis n tragen. Einige Kammern seien durch *Türen* verbunden, welche in *beiden Richtungen passierbar* seien. Sei $w_i > 0$ die Anzahl der Türen der Kammer i. Im Labyrinth befinde sich eine Maus. Das System sei im Zustand i, wenn sich die Maus in der Kammer i befindet. Beim Elementarprozeß verhalte sich die Maus wie folgt: Mit Wahrscheinlichkeit b ($0 \leqslant b < 1$) bleibe sie in der Kammer i; ferner wähle sie jede der w_i Türen der Kammer i mit derselben Wahrscheinlichkeit $\frac{1-b}{w_i}$ als Weg. Also gilt für die Übergangsmatrix $A = (a_{ij})$ mit

$$a_{ij} = \begin{cases} b & \text{für } i = j \\[2mm] \dfrac{1 - b}{w_i} & \text{falls eine Tür von Kammer i nach Kammer j führt} \\[2mm] 0 & \text{sonst .} \end{cases}$$

b) Wir nennen ein Labyrinth mit n > 1 Kammern *zusammenhängend*, falls man von jeder Kammer auf irgendeinem Wege zu jeder anderen Kammer kommen kann, d.h. falls die Übergangsmatrix im Sinne von 2.4 unzerlegbar ist.

5.7 Satz. *Sei* $A = (a_{ij})$ *die stochastische Matrix zu einem zusammenhängenden Laby-rinth. Die Bezeichnungen seien wie in 5.6.*

a) 1 *ist einfacher Eigenwert von A, und für* $w = (w_1, \ldots, w_n)$ *gilt* $wA = w$.

b) *Ist a ein Eigenwert von A mit* $|a| = 1$, *so gilt* $a = 1$ *oder* $a = -1$.

c) *Ist* $a_{ii} = b > 0$, *so ist A sehr gut, und es gilt*

$$\lim_{k \to \infty} A^k = \begin{pmatrix} z_1 & \cdots & z_n \\ \vdots & \cdots & \vdots \\ z_1 & \cdots & z_n \end{pmatrix}$$

mit

$$z_i = \frac{w_i}{w_1 + \cdots + w_n} \cdot$$

d) *Sei nun* $a_{ii} = 0$ *für alle* i. *Genau dann ist* -1 *Eigenwert von A, wenn es eine disjunkte Zerlegung der Menge der Kammern in zwei nichtleere Mengen* B_1, B_2 *gibt, derart, daß* $a_{ij} = 0$ *gilt, falls* i *und* j *in derselben Menge* B_r *liegen.* (*Die Maus pendelt also zwischen den Zustandsgruppen* B_1 *und* B_2.)

Beweis. a) Nach 2.12 c) ist 1 einfacher Eigenwert von A. Ist w_i die Anzahl der Türen von Kammer i, so gilt

$$\sum_{i=1}^n w_i\, a_{ij} = w_j\, a_{jj} + \sum_{i \neq j} w_i\, a_{ij}$$

$$= w_j\, b + \sum_{j \in A_1(i),\, i \neq j} w_i\, \frac{1 - b}{w_i}$$

$$= w_j\, b + (1 - b) \sum_{i \in A_1(j),\, i \neq j} 1$$

$$= w_j\, b + (1 - b) w_j = w_j \,.$$

Somit ist $wA = w$.

b) Dies folgt sofort aus 2.6 f), denn für

$$a_{ij} > 0$$

ist Kammer i mit Kammer j durch eine Tür verbunden, also ist auch

$$a_{ji} > 0 \,.$$

c) Nach 2.12 d) ist A sehr gut, also folgen die Behauptungen aus 3.4 b) und 5.7 a).

d) Ist -1 Eigenwert von A, so hat A nach 2.12 a) bei geeigneter

Numerierung der Zustände die Gestalt

$$A = \begin{pmatrix} O & B_0 \\ B_1 & O \end{pmatrix} .$$

Dann existiert die behauptete Zerlegung der Zustandsmenge.

Hat man umgekehrt eine Zerlegung der Zustandsmenge wie in d) beschrieben, so hat A bei geeigneter Numerierung die Gestalt

$$A = \begin{pmatrix} O & B_0 \\ B_1 & O \end{pmatrix} .$$

Dann ist -1 nach 2.8 a) ein Eigenwert von A.   <u>q.e.d.</u>

<u>5.8 Beispiele.</u> a) Wir betrachten zuerst das Labyrinth

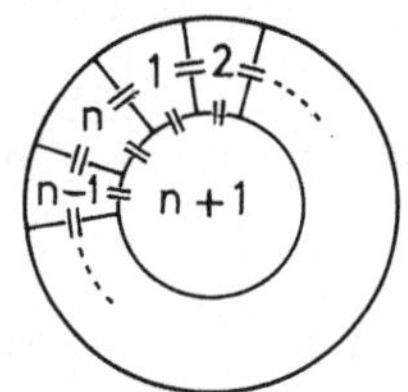

aus n+1 Kammern (siehe 2.8 b)). Dann ist die Übergangsmatrix

$$A = \begin{pmatrix} b & \frac{1-b}{3} & O & \cdots & O & \frac{1-b}{3} & \frac{1-b}{3} \\ \frac{1-b}{3} & b & \frac{1-b}{3} & \cdots & O & O & \frac{1-b}{3} \\ \vdots & \vdots & \vdots & & \vdots & \vdots & \vdots \\ \frac{1-b}{3} & O & O & & \frac{1-b}{3} & b & \frac{1-b}{3} \\ \frac{1-b}{n} & \frac{1-b}{n} & \frac{1-b}{n} & \cdots & \frac{1-b}{n} & \frac{1-b}{n} & b \end{pmatrix} .$$

Offenbar hat A^2 in der ersten Spalte nur positive Einträge. (Sogar alle Einträge von A^2 sind positiv.) Also ist A nach 2.14 sehr gut. Nach 3.4 b) und 5.7 a) ist daher

$$\lim_{k \to \infty} A^k = \begin{pmatrix} z_1 & \cdots & z_{n+1} \\ \vdots & & \vdots \\ z_1 & \cdots & z_{n+1} \end{pmatrix}$$

mit

$$z_i = \frac{w_i}{w_1 + \cdots + w_{n+1}} ,$$

also

$$z_i = \begin{cases} \dfrac{3}{4n} & \text{für } 1 \leqslant i \leqslant n \\[2ex] \dfrac{1}{4} & \text{für } i = n+1 . \end{cases}$$

(Man kann auch aus 5.7 b) und d) entnehmen, daß A sehr gut ist.)

b) Wir betrachten nun das Labyrinth auf einem Schachbrett aus n^2 Kammern mit $n \geq 2$. Alle möglichen Türen seien angebracht. Für $n = 4$ hat also zum Beispiel das Labyrinth die Gestalt:

$$
\begin{array}{ccccccc}
1 & = & 8 & = & 9 & = & 16 \\
\| & & \| & & \| & & \| \\
2 & = & 7 & = & 10 & = & 15 \\
\| & & \| & & \| & & \| \\
3 & = & 6 & = & 11 & = & 14 \\
\| & & \| & & \| & & \| \\
4 & = & 5 & = & 12 & = & 13
\end{array}
$$

Somit gilt

$$
w_i = \begin{cases} 2 & \text{in den 4 Eckkammern} \\ 3 & \text{in den } 4(n-2) \text{ übrigen Randkammern} \\ 4 & \text{in den } n^2 - 4n + 4 \text{ inneren Kammern.} \end{cases}
$$

Also gilt

$$
\sum_{i=1}^{n^2} w_i = 8 + 12(n-2) + 4(n^2 - 4n + 4) = 4n(n-1) \ .
$$

Ist die Verweilwahrscheinlichkeit der Maus in jeder Kammer gleich $b > 0$, so folgt mit 5.7 c) sofort

$$
\lim_{k \to \infty} A^k = \begin{pmatrix} z_1 & \cdots & z_{n^2} \\ \vdots & & \vdots \\ z_1 & \cdots & z_{n^2} \end{pmatrix}
$$

mit

$$
z_i = \begin{cases} \dfrac{2}{4n(n-1)} & \text{für Eckkammern} \\[2ex] \dfrac{3}{4n(n-1)} & \text{für Randkammern} \\[2ex] \dfrac{4}{4n(n-1)} & \text{für innere Kammern} \ . \end{cases}
$$

Ist hingegen $b = 0$, so liegen bei der von uns gewählten Numerierung der Kammern (auch bei allgemeinem n) neben jeder Kammer mit gerader nur solche mit ungerader Nummer, und umgekehrt. Also ist 5.7 d) anwendbar, und $\lim_{k \to \infty} A^k$ existiert nicht. Da jedoch nach 5.7 b) 1 und -1 die einzigen Eigenwerte vom Betrag 1 von A sind, existieren nach 3.7 a) noch

$$P_O = \lim_{k \to \infty} A^{2k} \quad \text{und} \quad P_1 = \lim_{k \to \infty} A^{2k+1} = AP_O \ .$$

Nach 3.5 c) und 3.7 b) ist ferner

$$Q = \lim_{k \to \infty} \frac{1}{k} \sum_{i=0}^{k-1} A^i = \begin{pmatrix} z_1 & \cdots & z_{n^2} \\ \vdots & & \vdots \\ z_1 & \cdots & z_{n^2} \end{pmatrix} = \frac{1}{2} (P_O + AP_O) \ .$$

Nach 3.7 c) gilt $P_O = (b_{ij})$ und $AP_O = (c_{ij})$ mit

$$b_{ij} = \begin{cases} 2z_j & \text{für } i \equiv j \quad (\mathrm{mod}\ 2) \\ 0 & \text{für } i \not\equiv j \quad (\mathrm{mod}\ 2) \end{cases}$$

und

$$c_{ij} = \begin{cases} 0 & \text{für } i \equiv j \quad (\mathrm{mod}\ 2) \\ 2z_j & \text{für } i \not\equiv j \quad (\mathrm{mod}\ 2) \ . \end{cases}$$

A u f g a b e n

26) (*Zyklische Irrfahrt*) Es seien Zustände $1,\ldots,n$ gegeben, und die Übergangsmatrix $A = (a_{ij})$ sei definiert durch

$$a_{i,i-1} = a_{1n} = p > 0 \quad \text{für } 2 \leqslant i \leqslant n \ ,$$

$$a_{i,i+1} = a_{n1} = q > 0 \quad \text{für } 1 \leqslant i \leqslant n-1$$

mit $p + q = 1$ und $a_{ij} = 0$ für alle übrigen i,j.

a) Man berechne

$$\lim_{k \to \infty} \frac{1}{k} \sum_{i=0}^{k-1} A^i \ .$$

b) Die Eigenwerte von A sind $pc^j + qc^{-j}$ mit $c = e^{\frac{2\pi i}{n}}$ und $0 \leqslant j < n$.

c) Für ungerades n existiert $\lim_{k \to \infty} A^k$, für gerades n jedoch nicht.

27) Man behandle folgendes Labyrinth:

```
┌─────┬─────┬─────┐
│ 1 = 4 < 2 │
├─V───┼─‖───┼─────┤
│ 5 > 3 < 6 │
└─────┴─────┴─────┘
```

Dabei bezeichnet > eine Tür, die nur in Richtung der Spitze passierbar ist. Ferner sei die Verweilwahrscheinlichkeit der Maus in jeder Kammer gleich 0.

a) Man stelle die Übergangsmatrix A auf und bestimme alle ihre Eigenwerte.

b) Man berechne

$$Q = \lim_{k \to \infty} \frac{1}{k} \sum_{i=0}^{k-1} A^i .$$

c) Existiert $\lim_{k \to \infty} A^k$?

<u>28</u>) Man behandle die analoge Aufgabe für das Labyrinth

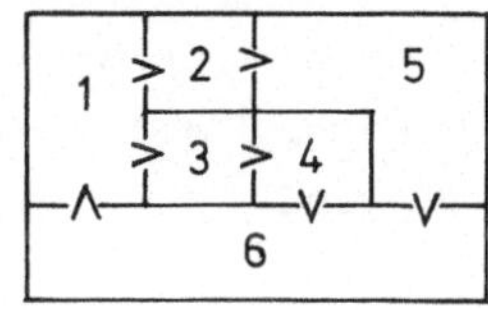

<u>29</u>) Man stelle zu dem Labyrinth

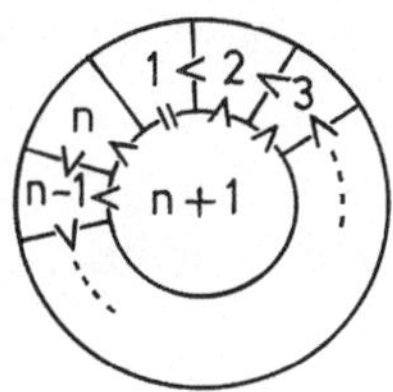

unter denselben Bedingungen wie in den vorhergehenden Aufgaben die Übergangsmatrix A auf. Man beweise die Existenz von $\lim_{k \to \infty} A^k$ und berechne diesen Grenzwert.

§ 6 Mischen von Spielkarten

<u>6.1 Problemstellung.</u> Seien t Spielkarten vorgegeben (etwa t = 32). Als
Zustände des zu beschreibenden Systems wählen wir die n = t! möglichen
Lagen der t Karten. Ferner sei vorgegeben eine *"Verteilung"* p auf der
symmetrischen Gruppe S_t mit $p(\pi) \geq 0$ für alle $\pi \in S_t$ und

$$\sum_{\pi \in S_t} p(\pi) = 1 \ .$$

Der elementare Mischvorgang gehe nun so vor sich: Der mischende Spieler
wählt die Permutation π aus S_t mit der Wahrscheinlichkeit $p(\pi)$ und
wendet sie auf die Lage der Karten an. Zu je zwei Lagen i,j gibt es
offenbar genau ein $\pi \in S_t$ mit $i\pi = j$. Also erhalten wir als Übergangsmatrix $A = (a_{ij})$ mit

$$a_{ij} = p(\pi), \qquad \text{falls } i\pi = j \ .$$

Wegen

$$\sum_{i=1}^{n} a_{ij} = \sum_{\pi \in S_t} a_{j\pi,j} = \sum_{\pi \in S_t} p(\pi^{-1}) = 1$$

ist A doppelt stochastisch.

Ist $A^k = (a_{ij}^{(k)})$, so gilt

$$(1) \qquad a_{ij}^{(k)} = \sum_{i\pi_1 \cdots \pi_k = j} p(\pi_1) \ \cdots \ p(\pi_k)$$

und insbesondere

$$(2) \qquad a_{ii}^{(k)} = \sum_{\pi_1 \cdots \pi_k = 1} p(\pi_1) \ \cdots \ p(\pi_k) \qquad \text{für alle } i = 1,\ldots,n \ .$$

Wir definieren die *Trägermenge M* von p durch

$$M = \{\pi \mid \pi \in S_t, \ p(\pi) > 0\}$$

und setzen für $k = 1, 2, \ldots$

$$M_k = \{ (\pi_1, \ldots, \pi_k) \mid \pi_j \in M, \; \pi_1 \cdots \pi_k = 1 \} \; .$$

Offenbar ist dann $a_{ii}^{(k)} > 0$ gleichwertig mit $M_k \neq \emptyset$.

6.2 Definition. a) Das in 6.1 beschriebene *Mischverfahren* heißt *fair*, falls

$$\lim_{k \to \infty} A^k = \begin{pmatrix} \frac{1}{n} & \cdots & \frac{1}{n} \\ \vdots & & \vdots \\ \frac{1}{n} & \cdots & \frac{1}{n} \end{pmatrix}$$

gilt. Das heißt, daß nach langem Mischen alle Übergänge gleich wahrscheinlich sind.

b) Sei N eine Teilmenge von S_t. Dann sei das *Erzeugnis* $<N>$ von N definiert als

$$<N> = \{ \pi_1 \cdots \pi_k \mid \pi_i \in N, \; k = 1, 2, \ldots \} \; .$$

Ist $<N> = S_t$, so sagen wir: N *erzeugt* S_t.

6.3 Satz. *Gleichwertig sind:*

    a) *Jedes Mischverfahren mit Trägermenge M ist fair.*

    b) *M erzeugt S_t. Es gibt ein k_0 derart, daß $M_k \neq \emptyset$ für alle $k \geq k_0$ gilt.*

    c) *M erzeugt S_t. Es gibt ein k mit $M_k \neq \emptyset \neq M_{k+1}$.*

    d) *M erzeugt S_t. Es gibt teilerfremde natürliche Zahlen k und r mit $M_k \neq \emptyset \neq M_r$.*

Beweis. a) $\Rightarrow$ b): Nach Voraussetzung gilt

$$\lim_{k \to \infty} a_{ij}^{(k)} = \frac{1}{n} \qquad \text{für alle } i, j = 1, \ldots, n \; .$$

Wir wählen k_0 so groß, daß $a_{ij}^{(k)} > 0$ für $k \geq k_0$ und alle i, j gilt. Nach einer der Bemerkungen in 6.1 ist dann $M_k \neq \emptyset$ für $k \geq k_0$. Sei τ eine beliebige Permutation aus S_t. Dann ist für $k \geq k_0$ wegen Formel (1) in 6.1

$$0 < a_{i, i\tau}^{(k)} = \sum_{i\tau = i\pi_1 \cdots \pi_k} p(\pi_1) \cdots p(\pi_k) \; .$$

Also gibt es Permutationen $\pi_1, \ldots, \pi_k$ in M mit

$$i\tau = i \, \pi_1 \cdots \pi_k, \text{ also } \tau = \pi_1 \cdots \pi_k \; .$$

Somit wird S_t von M erzeugt.

Die Schlüsse b) $\Rightarrow$ c) $\Rightarrow$ d) sind trivial.

d) $\Rightarrow$ a): Wir zeigen:
(1) A ist sehr gut:
Nach der Voraussetzung unter d) gilt nun $a_{ii}^{(k)} > 0$ für alle i = 1,...,n.
Sei a ein Eigenwert von A mit $|a|$ = 1. Die Anwendung von 2.6 c) auf A^k
mit dem Eigenwert a^k liefert dann a^k = 1. Ähnlich erhalten wir auch
a^r = 1. Da k und r teilerfremd sind, gibt es bekanntlich ganze rationa-
le Zahlen u,v mit ku + rv = 1. Damit folgt

$$a = a^{ku+rv} = 1 .$$

Somit ist A gut. Da M ganz S_t erzeugt, ist A unzerlegbar. Also ist 1
nach 2.12 c) einfacher Eigenwert von A.

(2) Nach einer Vorbemerkung in 6.1 ist A doppelt stochastisch. Daher
gilt nach 3.4 und 3.1 c)

$$\lim_{k\to\infty} A^k = \begin{pmatrix} \frac{1}{n} & \cdots & \frac{1}{n} \\ \vdots & \ddots & \vdots \\ \frac{1}{n} & \cdots & \frac{1}{n} \end{pmatrix} .$$

q.e.d.

Aus Satz 6.3 folgt sofort: Gehört M zu einem fairen Mischverfahren,
so ist auch jedes Verfahren mit einer Trägermenge $M' \supseteq M$ fair.

Man kann auch genau klären, auf welche Weise *Divergenzen* auftreten können.

__6.4 Satz.__ *Die Menge M erzeuge* S_t. *Dann sind gleichwertig:*

   a) *Alle Permutationen aus M sind ungerade.*

   b) A *hat den Eigenwert* −1.

   c) $\lim_{k\to\infty} A^k$ *existiert nicht.*

   d) *Die Eigenwerte vom Betrag* 1 *von A sind* 1 *und* −1, *und M enthält nur ungerade Permutationen.*

__Beweis.__ a) $\Rightarrow$ b): Sei 1 ein fester Zustand. Dann hat jeder andere Zustand die Gestalt 1π mit eindeutig bestimmtem $\pi \in S_t$. Wir verteilen
die Zustände auf die beiden Mengen

$$B_0 = \{1\pi \mid \pi \in S_t, \ \pi \text{ gerade, d.h.} \quad \operatorname{sgn} \pi = \ 1\}$$

$$B_1 = \{1\pi \mid \pi \in S_t, \ \pi \text{ ungerade, d.h. } \operatorname{sgn} \pi = -1\} .$$

Da alle π aus M nach Voraussetzung ungerade sind, erhalten wir

$$A = \begin{pmatrix} O & B_0 \\ B_1 & O \end{pmatrix} \begin{matrix} \} B_0 \\ \} B_1 \end{matrix} .$$

Mit 2.8 a) folgt, daß A den Eigenwert -1 hat.

b) $\Rightarrow$ c): Ist -1 Eigenwert von A, so existiert $\lim\limits_{k \to \infty} A^k$ nach 3.1 d) nicht.

c) $\Rightarrow$ d): Nun existiere $\lim\limits_{k \to \infty} A^k$ nicht. Dann gibt es einen Eigenwert $a \neq 1$ von A mit $|a| = 1$. Nach 2.6 e) gibt es ein $m > 1$ mit $a^m = 1$. Wir wählen m minimal. Da M ganz S_t erzeugt, ist A unzerlegbar. Also können wir nach 2.12 a) die Zustände so auf nichtleere $B_0, \dots, B_{m-1}$ verteilen, daß

$$A = \begin{pmatrix} O & B_0 & O & \cdots & O \\ O & O & B_1 & \cdots & O \\ \vdots & \vdots & \vdots & & \vdots \\ O & O & O & \cdots & B_{m-2} \\ B_{m-1} & O & O & \cdots & O \end{pmatrix}$$

gilt. Dies bedeutet

$$B_i \, \pi \subseteq B_{i+1} \qquad \text{für } 0 \leqslant i \leqslant m-2$$

und

$$B_{m-1} \, \pi \subseteq B_0$$

für jedes $\pi \in M$. Also bewirken die Permutationen aus M alle dieselbe zyklische Vertauschung

$$B_0 \longrightarrow B_1 \longrightarrow \cdots \longrightarrow B_{m-1} \longrightarrow B_0$$

der B_i. An dieser Stelle benötigen wir nun etwas Gruppentheorie: Alle Elemente aus S_t, die ja Produkte von Elementen aus M sind, bewirken dann eine Vertauschung der B_i, welche eine Potenz von

$$B_0 \longrightarrow B_1 \longrightarrow \cdots \longrightarrow B_{m-1} \longrightarrow B_0$$

ist. Ordnet man jedem π aus S_t die von π bewirkte Permutation der B_i zu, so erhält man einen Homomorphismus von S_t auf eine zyklische Gruppe der Ordnung $m \geqslant 2$. Ein solcher Homomorphismus existiert jedoch bekanntlich nur für $m = 2$, und dabei ist notwendig $B_i \pi = B_i$ für gerades π $(i = 0, 1)$ und $B_0 \pi = B_1$, $B_1 \pi = B_0$ für ungerades π. Daher folgt nun, daß M nur ungerade Permutationen enthält. Ferner ist $a^2 = 1$, daher $a = \pm 1$. Wegen $a \neq 1$ folgt $a = -1$. Also gilt d).

Der Schluß von d) auf a) ist trivial. <u>q.e.d.</u>

Wir können 6.3 und 6.4 zusammenfassen.

6.5 Satz. *Gleichwertig sind:*

  a) *Jedes Mischverfahren mit Trägermenge M ist fair.*

  b) *Die Trägermenge M erzeugt S_t, und M enthält wenigstens eine gerade Permutation.*

Durch Vergleich von 6.3 und 6.4 ergibt sich unmittelbar noch folgende Aussage über die symmetrischen Gruppen.

6.6 Satz. *Die Menge M erzeuge S_t. Dann sind gleichwertig:*

  a) *Es gibt ein k_0 derart, daß für jedes $k \geqslant k_0$ Permutationen π_j $(j = 1,\ldots,k)$ in M existieren mit $\pi_1 \ldots \pi_k = 1$.*

  b) *Es gibt ein k derart, daß Permutationen $\pi_1,\ldots,\pi_k$, $\rho_1,\ldots,\rho_{k+1}$ in M existieren mit*

$$\pi_1 \cdots \pi_k = \rho_1 \cdots \rho_{k+1} = 1 \ .$$

  c) *Es gibt teilerfremde natürliche Zahlen k und r derart, daß Permutationen $\pi_1,\ldots,\pi_k$, $\rho_1,\ldots,\rho_r$ in M existieren mit*

$$\pi_1 \cdots \pi_k = \rho_1 \cdots \rho_r = 1 \ .$$

  d) *M enthält wenigstens eine gerade Permutation.*

Wir betrachten das wohl am häufigsten verwendete Mischverfahren.

6.7 Beispiel. a) Als Trägermenge M nehmen wir alle Permutationen der $t \geqslant 3$ Karten, die auf folgende Weise entstehen:

Man zerlege das Kartenpaket in zwei oder drei Abschnitte, lege den obersten Abschnitt unter Erhaltung seiner Anordnung nach unten, auf diesen unter Erhaltung der Anordnung den zweiten Abschnitt u.s.w..

(1) M erzeugt S_t:
Wir haben für $1 < i < t-1$

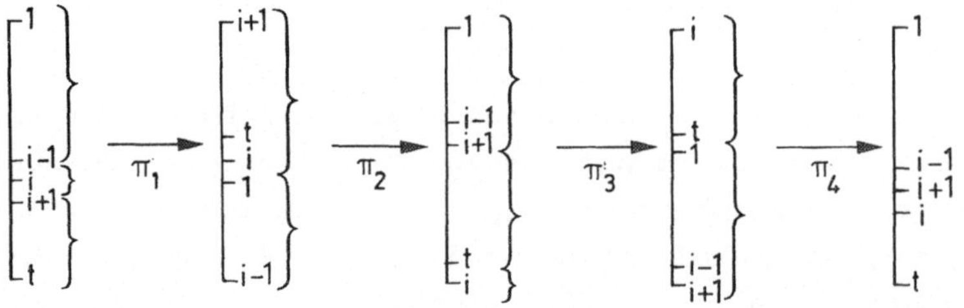

$$
\begin{bmatrix} 1 \\ \vdots \\ i-1 \\ i \\ i+1 \\ \vdots \\ t \end{bmatrix}
\xrightarrow{\ \pi_1\ }
\begin{bmatrix} i+1 \\ \vdots \\ t \\ i \\ 1 \\ \vdots \\ i-1 \end{bmatrix}
\xrightarrow{\ \pi_2\ }
\begin{bmatrix} 1 \\ \vdots \\ i-1 \\ i+1 \\ \vdots \\ t \\ i \end{bmatrix}
\xrightarrow{\ \pi_3\ }
\begin{bmatrix} i \\ \vdots \\ t \\ i-1 \\ i+1 \end{bmatrix}
\xrightarrow{\ \pi_4\ }
\begin{bmatrix} 1 \\ \vdots \\ i-1 \\ i+1 \\ i \\ \vdots \\ t \end{bmatrix}
$$

mit Permutationen π_j $(j = 1,\ldots,4)$ aus M. Also ist $\pi_1\,\pi_2\,\pi_3\,\pi_4$ die Transposition, welche nur i und i+1 vertauscht.

Wir haben ferner

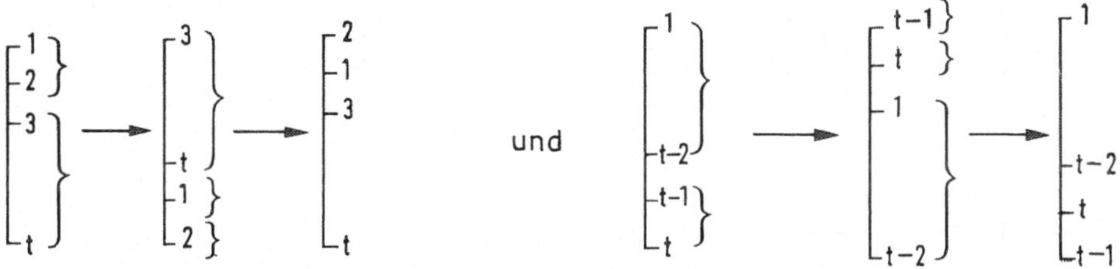

Also liegen auch die Transpositionen (1,2) und (t-1,t) im Erzeugnis
von M. Die Transpositionen (i,i+1) ($1 \leqslant i \leqslant t-1$) erzeugen bekanntlich
ganz S_t. (Für die verwendeten einfachen Eigenschaften der symmetrischen Gruppen verweisen wir auf Reiffen-Scheja-Vetter, Algebra.) Also
erzeugt auch die Menge M ganz S_t.

(2) M erfüllt die Bedingung in 6.3 c) mit k = 2:
Ist $\pi \in M$, so gilt offenbar auch $\pi^{-1} \in M$. Also haben wir

$$\pi\pi^{-1} = 1 \qquad \text{mit } \pi, \ \pi^{-1} \in M \ .$$

Ferner ist

$$\text{also } \pi^2\rho = 1 \qquad \text{mit } \pi, \ \rho \in M \ .$$

b) Läßt man zur Menge M alle solchen Permutationen zu, die sich bei
der Aufteilung der Karten in irgendeine Anzahl von Abschnitten nach
dem Verfahren unter a) ergeben, so ist diese Menge wegen a) erst recht
fair. Dies ist das meist von Spielern verwendete Mischverfahren.

c) Ist $t \geqslant 5$, so kommt man bereits mit solchen Permutationen aus, die
sich aus Aufteilungen der Karten in genau drei Abschnitte ergeben:

(1) M erzeugt S_t:

Wegen

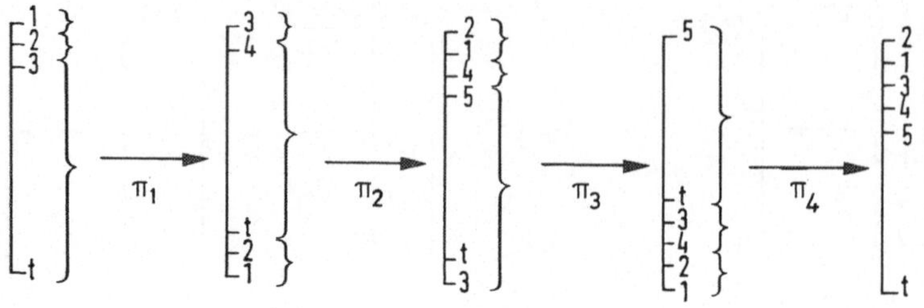

liegt $\pi = \pi_1 \, \pi_2 \, \pi_3 \, \pi_4 = (1,2)$ im Erzeugnis $\langle M \rangle$ von M. Schließlich ist für $2 \leqslant i \leqslant t-2$ wegen

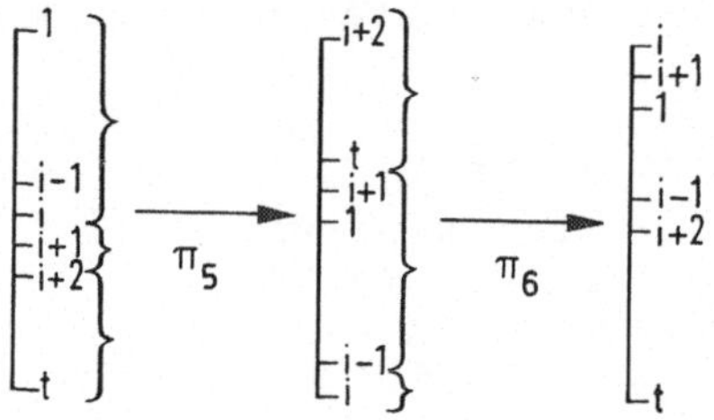

auch $\rho = \pi_5 \, \pi_6$ in $\langle M \rangle$. Dann liegt auch $\rho^{-1} \pi \rho = (i, i+1)$ in $\langle M \rangle$. Ferner haben wir

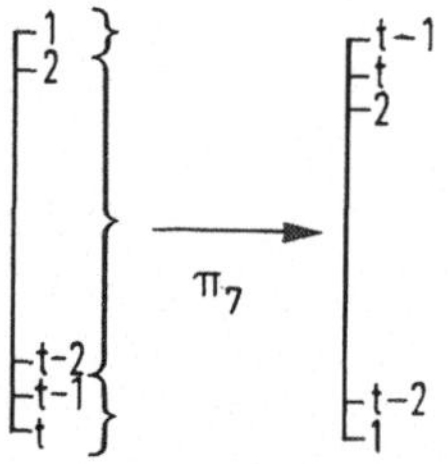

mit $\pi_7 \in M$, also

$$\pi_7^{-1} \, \pi \, \pi_7 = (t-1, t) \in \langle M \rangle .$$

Da die Transpositionen S_t erzeugen, erzeugt also auch M ganz S_t.

(2) Wir haben wieder $\pi \, \pi^{-1} = 1$ mit π, $\pi^{-1} \in M$. Ferner gilt

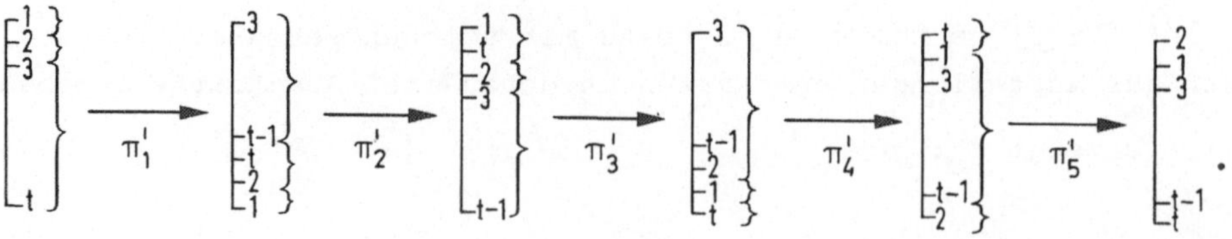

Das liefert

$$\pi'_1 \; \pi'_2 \; \pi'_3 \; \pi'_4 \; \pi'_5 \; \pi_1 \; \pi_2 \; \pi_3 \; \pi_4 = 1$$

mit den π_i aus (1) und mit π_i, $\pi'_j \in M$. Nach 6.3 d) ist jedes Mischverfahren mit Trägermenge M also fair.

(Für $t = 4$ enthält M nur ungerade Permutationen, also ist dann das
Verfahren nach 6.5 nicht fair.)

d) Mit etwas Kenntnissen über symmetrische Gruppen kann man nun leicht
faire Verfahren angeben, deren Trägermenge nur aus zwei Permutationen
besteht:

Für alle t wird S_t erzeugt von $\pi = (1,2)$ und $\rho = (1,2,\ldots,t)$. Ist t
ungerade, so ist sgn $\rho = (-1)^{t-1} = 1$, und $M = \{\pi,\rho\}$ liefert nach 6.5
faire Verfahren. Ist t gerade, so ist $M = \{\pi,\rho\pi\}$ Trägermenge von fairen
Verfahren, denn $\rho\pi = (2,3,\ldots,t)$ ist nun gerade.

6.8 Bemerkung. Ein Mischverfahren mit der Trägermenge M ist genau dann
fair, wenn die zugehörige Matrix A sehr gut ist, wenn es also eine
natürliche Zahl w_0 gibt, sodaß A^w für $w \geq w_0$ lauter positive Einträge
hat. Das heißt, daß nach w_0-maligem Mischen alle Kartenlagen positive
Wahrscheinlichkeit haben. (Die Eigenschaft eines Mischverfahrens, fair
zu sein, drückt sich also nicht nur im Verhalten des Grenzwertes aus.)

Nach Satz 4.2 gilt $w_0 \leq (n-1)^2 + 1$. Wir können diese Schranke aber im
vorliegenden Fall noch wesentlich verbessern.

6.9 Satz. *Sei M die Trägermenge eines fairen Mischverfahrens mit $M = M^{-1}$ (d.h.
$\pi^{-1} \in M$, falls $\pi \in M$) und A die zugehörige Übergangsmatrix. Dann hat*

$$A^{n+3-2|M|}$$

lauter positive Einträge.

Beweis. Sei $N = \{1,\ldots,n\}$ und sei $U \neq \emptyset$ irgendeine Teilmenge von N.
Dann ist

$$A_1(U) = \{i\pi \mid i \in U; \; \pi \in M\}$$

$$A_2(U) = \{i\pi\rho \mid i \in U; \; \pi, \rho \in M\} \; .$$

Für ein beliebiges $\pi_0 \in M$ gilt

$$A_1(U) \supseteq U\pi_0 = \{i\pi_0 \mid i \in U\} \; ,$$

also $|A_1(U)| \geq |U|$.
Ist $U \subset N$, so gilt sogar $|A_1(U)| > |U|$:

Wäre $|A_1(U)| = |U|$, so wäre für π, $\tau \in M$ stets $U\pi = U\tau$, also $U\pi\tau^{-1} = U$.

Das ergäbe $A_2(U) = U$, da zu jedem $\rho \in M$ ein $\tau \in M$ existiert mit $\rho = \tau^{-1}$, im Widerspruch zu 4.1 d). Also gilt $|A_1(U)| > |U|$ für jedes $U \subset N$.

Für jede Kartenlage i gilt $|A_1(i)| = |M|$ und dann für $s \geq 1$ offenbar

$$|A_s(i)| \geq |M| + s - 1 \; ,$$

solange $A_s(i) \subset N$. Es ist

$$A_s(i) = \{j \mid a_{ij}^{(s)} > 0\} \; .$$

Sei s so gewählt, daß $|A_s(i)| > n - |M|$. Dann gilt $A_{s+1}(i) = N$: Wir haben nämlich

$$a_{ik}^{(s+1)} = \sum_{j=1}^{n} a_{ij}^{(s)} a_{jk} \; ,$$

und eines der Produkte $a_{ij}^{(s)} a_{jk}$ muß positiv sein. Da nun

$$|A_{n-2|M|+2}(i)| \geq n - |M| + 1 \; ,$$

folgt

$$A_{n-2|M|+3}(i) = N \qquad \text{für alle i} \; . \qquad\qquad \underline{\text{q.e.d.}}$$

<u>6.10 Beispiel.</u> a) Sei M die Trägermenge des Mischverfahrens aus 6.7 a). Dann ist

$$|M| = p_2(t) + p_3(t) \; ,$$

wobei $p_i(t)$ die Anzahl der geordneten Tupel $(t_1, t_2, \ldots, t_i)$ ist mit $\sum_{k=1}^{i} t_k = t$. Man bestätigt leicht $p_i(t) = \binom{t-1}{i-1}$ (siehe 10.13). Das liefert $|M| = \binom{t}{2}$ und daher

$$n - 2|M| + 3 \sim n \qquad \text{für große n} \; .$$

b) Die Schranke kann nochmals wesentlich verbessert werden, wenn wir das Mischverfahren genauer unter die Lupe nehmen.
Wir setzen

$$M^k = \{\pi_1 \ldots \pi_k \mid \pi_i \in M \text{ für } i = 1, \ldots, k\} \; .$$

(1) Da M^2 und M^3 nach 6.7 a) die Identität enthalten, sieht man sofort

$$M \cup M^2 \subseteq M^4 \; .$$

Mit Induktion folgt daraus leicht für $s \geq 3$

$$M \cup M^2 \cup \cdots \cup M^s \subseteq M^{s+2} \; .$$

Läßt sich jede Permutation als Produkt von höchstens s Elementen aus M schreiben, so hat also A^{s+2} lauter positive Einträge.

(2) Jede Transposition läßt sich als Produkt von höchstens 5 Elementen aus M darstellen:

Die Transposition $(1,t)$ ist in M enthalten. Nach 6.7 a) liegen $(1,2)$ und $(t-1,t)$ in M^2 und $(i,i+1)$ in M^4 für $1 < i < t-1$.

Für $(1,i)$ mit $2 < i < t$ ersehen wir aus

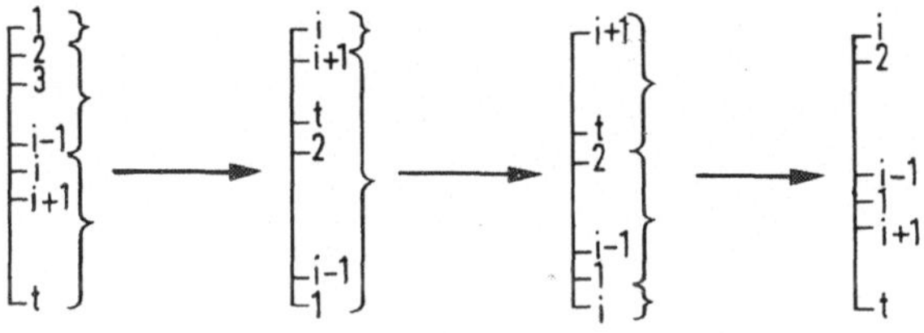

$$\begin{bmatrix} 1 \\ 2 \\ 3 \\ \vdots \\ i-1 \\ i \\ i+1 \\ \vdots \\ t \end{bmatrix} \longrightarrow \begin{bmatrix} i \\ i+1 \\ t \\ 2 \\ \vdots \\ i-1 \\ 1 \end{bmatrix} \longrightarrow \begin{bmatrix} i+1 \\ t \\ 2 \\ \vdots \\ i-1 \\ 1 \\ i \end{bmatrix} \longrightarrow \begin{bmatrix} i \\ 2 \\ \vdots \\ i-1 \\ 1 \\ i+1 \\ \vdots \\ t \end{bmatrix}$$

daß $(1,i) \in M^3$. Ganz ähnlich folgt $(i,t) \in M^3$ für $1 < i < t-1$.

Schließlich betrachten wir die Transpositionen (i,j) mit $1 < i < i+1 < j < t$. Dann ist

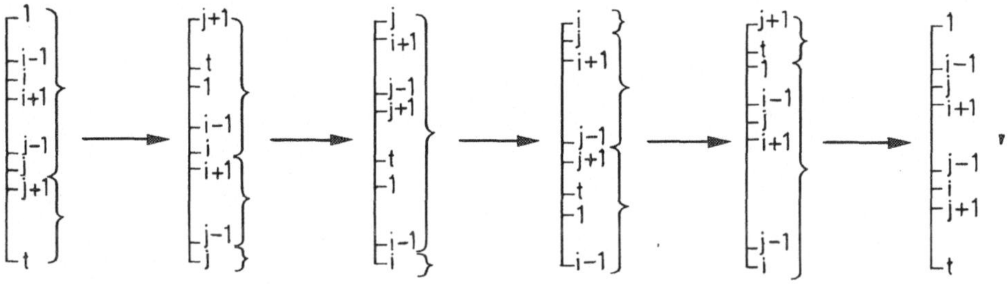

$$\begin{bmatrix} 1 \\ \vdots \\ i-1 \\ i \\ i+1 \\ \vdots \\ j-1 \\ j \\ j+1 \\ \vdots \\ t \end{bmatrix} \longrightarrow \begin{bmatrix} j+1 \\ t \\ 1 \\ \vdots \\ i-1 \\ i \\ i+1 \\ \vdots \\ j-1 \\ j \end{bmatrix} \longrightarrow \begin{bmatrix} j \\ i+1 \\ \vdots \\ j-1 \\ j+1 \\ \vdots \\ t \\ 1 \\ \vdots \\ i-1 \end{bmatrix} \longrightarrow \begin{bmatrix} j \\ i+1 \\ \vdots \\ j-1 \\ j+1 \\ \vdots \\ t \\ 1 \\ \vdots \\ i-1 \end{bmatrix} \longrightarrow \begin{bmatrix} j+1 \\ t \\ 1 \\ \vdots \\ i-1 \\ i \\ i+1 \\ \vdots \\ j-1 \\ j \end{bmatrix} \longrightarrow \begin{bmatrix} 1 \\ \vdots \\ i-1 \\ j \\ i+1 \\ \vdots \\ j-1 \\ i \\ j+1 \\ \vdots \\ t \end{bmatrix}$$

also $(i,j) \in M^5$.

(3) Jede Permutation läßt sich als Produkt von ziffernfremden Zyklen schreiben. Jeder Zyklus der Länge s ist bekanntlich ein Produkt von $s-1$ geeigneten Transpositionen. Somit läßt sich jede Permutation als ein Produkt von höchstens $t-1$ Transpositionen darstellen. Das zeigt, daß jede Permutation ein Produkt von höchstens $5(t-1)$ geeigneten Elementen aus M ist.

(4) Aus (1) und (3) folgt nun, daß A^{5t-3} lauter positive Einträge hat. Diese Schranke ist deutlich besser als die in a) angegebene.

c) Läßt man im elementaren Mischprozeß die Zerlegung des Kartenpakets in bis zu 5 Abschnitte zu, so kann man zeigen, daß alle Transpositionen bereits in $M \cup M^2$ enthalten sind. In diesem Falle hat schon die Matrix A^{2t} lauter positive Einträge.

<u>A u f g a b e n</u>

<u>30</u>) Sei M die Menge der folgenden Permutationen:

Man zerlege das Kartenpaket in zwei nichtleere Abschnitte und schiebt diese irgendwie ineinander. Man zeige, daß die Mischverfahren mit Trägermenge M fair sind.

§ 7 Warteschlangen

Wir beginnen mit dem typischen Warteschlangenproblem.

7.1 Problem. Ein *Sessellift* kann pro Zeiteinheit maximal eine Person abtransportieren. Die Wahrscheinlichkeit für die Ankunft von i Personen ($0 \leqslant i \leqslant n$) pro Zeiteinheit sei $p_i \geqslant 0$, und es gelte

$$\sum_{i=0}^{n} p_i = 1.$$

Der Wartesaal fasse höchstens n Personen. Wir definieren die Zustände wie folgt: Zustand i mit $0 \leqslant i \leqslant n$ liege vor, wenn genau i Personen warten. (Schiläufer, die den Wartesaal mit n Personen total besetzt vorfinden, kehren also um.)

In der Zeiteinheit spielen sich dann folgende Übergänge ab:

$$0 \longrightarrow 0 \qquad \text{, falls höchstens eine Person ankommt,}$$
$$\text{also mit Wahrscheinlichkeit } p_0 + p_1;$$

$$0 \longrightarrow i \qquad \text{, falls i+1 Personen ankommen,}$$
$$\text{also mit Wahrscheinlichkeit } p_{i+1}$$
$$\text{(wobei } p_{n+1} = 0 \text{ zu setzen ist);}$$

für $i \geqslant 1$ erfolgen die Übergänge

$$i \longrightarrow i-1 \qquad \text{, falls niemand ankommt,}$$
$$\text{also mit Wahrscheinlichkeit } p_0;$$

$$i \longrightarrow j \text{ mit } i \leqslant j < n, \text{ falls j-i+1 Personen ankommen,}$$
$$\text{also mit Wahrscheinlichkeit } p_{j-i+1};$$

$$i \longrightarrow n \qquad \text{, falls n-i+1 oder mehr Personen ankommen,}$$
$$\text{also mit Wahrscheinlichkeit } \sum_{j=n-i+1}^{n} p_j \, .$$

Das liefert die Übergangsmatrix

$$
A = \begin{pmatrix}
p_0 + p_1 & p_2 & p_3 & \cdots & p_n & 0 \\
p_0 & p_1 & p_2 & \cdots & p_{n-1} & p_n \\
0 & p_0 & p_1 & \cdots & p_{n-2} & p_{n-1} + p_n \\
\vdots & \vdots & \vdots & & \vdots & \vdots \\
0 & 0 & 0 & \cdots & p_0 & \sum_{i=1}^{n} p_i
\end{pmatrix} .
$$

7.2 Satz. *Sei* A *die Übergangsmatrix aus 7.1 mit* $p_0 > 0$. *Ferner sei* $z = (z_0, \ldots, z_n)$ *mit* $zA = z$. *Für* $1 \leq j \leq n$ *setzen wir*

$$
r_j = \frac{1}{p_0} (1 - p_0 - p_1 - \ldots - p_j) \geq 0 .
$$

a) *Es gilt*

$$
z_i = \sum_{j=1}^{i} r_j z_{i-j} \qquad \textit{für } 1 \leq i \leq n .
$$

b) *Setzen wir ferner*

$$
s_{j,k} = \sum_{i_1 + \ldots + i_k = j} r_{i_1} \cdots r_{i_k}
$$

für $1 \leq k \leq j \leq n$, *so gilt*

$$
z_j = z_0 \sum_{k=1}^{j} s_{j,k} .
$$

Beweis. a) Wegen

$$
(p_0 + p_1) z_0 + p_0 z_1 = z_0
$$

gilt $z_1 = r_1 z_0$. Die Behauptung sei bereits für $k \leq i-1$ bewiesen. Aus

$$
z_{i-1} = \sum_{j=0}^{i} p_{i-j} z_j \qquad (\text{mit } i \geq 2)
$$

folgt dann

$$
z_i = r_1 z_{i-1} + z_{i-1} - \frac{p_2}{p_0} z_{i-2} - \ldots - \frac{p_i}{p_0} z_0
$$

$$
= r_1 z_{i-1} + r_1 z_{i-2} + r_2 z_{i-3} + \ldots + r_{i-1} z_0
$$

$$
- \frac{p_2}{p_0} z_{i-2} - \ldots \qquad\qquad - \frac{p_i}{p_0} z_0
$$

$$
= r_1 z_{i-1} + r_2 z_{i-2} + \ldots \qquad\qquad + r_i z_0 .
$$

b) Es ist

$$z_1 = r_1 \, z_0 = z_0 \, s_{1,1} \, .$$

Ist die Behauptung bereits bis $i-1$ $(< n)$ bewiesen, so folgt mit der offensichtlich für $k \geq 2$ gültigen Gleichung

$$s_{j,k} = r_1 \, s_{j-1,k-1} + r_2 \, s_{j-2,k-1} + \ldots + r_{j-k+1} \, s_{k-1,k-1}$$

und Teil a) nun

$$z_i = r_1 \, z_{i-1} + r_2 \, z_{i-2} + \ldots + r_{i-1} \, z_1 + r_i \, z_0$$

$$= z_0 \, (\sum_{k=1}^{i-1} r_1 \, s_{i-1,k} + \ldots + r_{i-1} \, s_{1,1} + r_i)$$

$$= z_0 \, (\, r_1 \, s_{i-1,i-1} +$$

$$+ \, r_1 \, s_{i-1,i-2} + r_2 \, s_{i-2,i-2} +$$

$$+ \, r_1 \, s_{i-1,i-3} + r_2 \, s_{i-2,i-3} + r_3 \, s_{i-3,i-3} +$$

$$\vdots$$

$$+ \, r_1 \, s_{i-1,1} + \ldots + r_{i-1} \, s_{1,1}$$

$$+ \, r_i \,)$$

$$= z_0 \, (s_{i,i} + s_{i,i-1} + s_{i,i-2} + \ldots + s_{i,2} + s_{i,1}) \, . \qquad \underline{\text{q.e.d.}}$$

7.3 Bemerkungen.

a) Ist $p_0 = 0$ und $p_1 < 1$, so hat A die Gestalt

$$A = \begin{pmatrix} B & C \\ 0 & 1 \end{pmatrix} ,$$

wobei die Dreiecksmatrix

$$B = \begin{pmatrix} p_1 & & \\ & \cdot \cdot & * \\ & & \cdot \, p_1 \end{pmatrix}$$

nur den Eigenwert $p_1 < 1$ hat. Also ist nach 3.2 $\lim_{k \to \infty} B^k = 0$ und somit

$$\lim_{k \to \infty} A^k = \lim_{k \to \infty} \begin{pmatrix} B^k & * \\ 0 & 1 \end{pmatrix} = \begin{pmatrix} 0 \cdots 0 & 1 \\ \vdots & \vdots & \vdots \\ 0 \cdots 0 & 1 \end{pmatrix} .$$

Nach langer Zeit haben wir also Warteschlangen der Länge n zu erwarten.

b) Sei nun $p_0 + p_1 = 1$ mit $p_1 < 1$. Dann ist

$$A = \begin{pmatrix} 1 & & & & \\ p_0 & p_1 & & & \\ & p_0 & p_1 & & \\ & & \ddots & \ddots & \\ & & & p_0 & p_1 \end{pmatrix} ,$$

und analog zu a) folgt

$$\lim_{k \to \infty} A^k = \begin{pmatrix} 1 & 0 & \cdots & 0 \\ \vdots & \vdots & & \vdots \\ 1 & 0 & \cdots & 0 \end{pmatrix} .$$

Nun sind schließlich nur Warteschlangen der Länge 0 zu erwarten.

c) Ist $p_0 > 0$ und $p_i > 0$ für ein $i \geq 2$, so ist A unzerlegbar und sehr gut. Dann gilt

$$\lim_{k \to \infty} A^k = \begin{pmatrix} z_0 & \cdots & z_n \\ \vdots & & \vdots \\ z_0 & \cdots & z_n \end{pmatrix} ,$$

wobei die z_j aus 7.2 mit der Nebenbedingung $\sum_{i=0}^{n} z_j = 1$ zu bestimmen sind. Nun sind alle z_j positiv:
Denn das Gleichungssystem $zA = z$ mit $z = (z_0, \ldots, z_n)$ und $\sum_{j=0}^{n} z_j = 1$ hat nach 7.2 eine eindeutige Lösung mit

$$z_j = z_0 \sum_{k=1}^{j} s_{j,k} \geq z_0 \, s_{j,j} \geq z_0 \, r_1^{\,j} > 0$$

für alle j. Nach 3.6 c) ist daher A unzerlegbar. Wegen $a_{00} = p_0 + p_1 > 0$ ist A nach 2.12 d) sehr gut.

d) Sei nun $p_0 + p_1 + p_2 = 1$ und $p_0 > 0$. Mit den Bezeichnungen aus 7.2 erhalten wir

$$r_1 = \frac{p_2}{p_0} \quad \text{und} \quad r_i = 0 \quad \text{für } i \geq 2 .$$

Also gilt

$$s_{j,k} = \left(\frac{p_2}{p_0} \right)^k \delta_{jk} .$$

7.2 b) liefert nun

$$z_j = \left(\frac{p_2}{p_0} \right)^j z_0 \quad \text{für } 0 \leq j \leq n .$$

Für $p_0 = p_2$ folgt dann

$$z_0 = z_1 = \ldots = z_n = \frac{1}{n+1} \ .$$

(Dies hätte man auch daraus entnehmen können, daß A nun doppelt stochastisch ist.)

Für $p_0 \neq p_2$ ergibt sich

$$z_j = \frac{\frac{p_2}{p_0} - 1}{\left(\frac{p_2}{p_0}\right)^{n+1} - 1} \left(\frac{p_2}{p_0}\right)^j \qquad \text{für } 0 \leqslant j \leqslant n \ .$$

(Im vorliegenden Falle ist A eine Jacobi-Matrix, und wir hätten die Lösung auch aus 5.2 übernehmen können.)

e) Seien $p_i > 0$ für $i = 0,1,\ldots,n$. Nach c) existiert dann $\lim\limits_{k \to \infty} A^k$. Die Konvergenzgeschwindigkeit der Folge der A^k wird wesentlich durch den zweitgrößten Eigenwert a von A bestimmt. Ist $p = \min\limits_{i} p_i$ und $\bar{p} = \max\limits_{i} p_i$, so gilt nach 4.4 a)

$$|a| \leqslant \min (1 - p, n\bar{p}) \ .$$

Liegt insbesondere Gleichverteilung für die Ankunftswahrscheinlichkeiten vor, also

$$A = \begin{pmatrix} p+s & s & \cdots & s & O \\ p & s & \cdots & s & s \\ O & p & \cdots & s & 2s \\ \vdots & \vdots & & \vdots & \vdots \\ O & O & \cdots & p & ns \end{pmatrix} \ ,$$

so gilt mit den Bezeichnungen aus 4.4

$$|a| \leqslant 1 - m = 1 - m_{n-1} = 1 - \min \{p,s\} \ .$$

In vielen Fällen lassen sich Monotonieeigenschaften für die z_i herleiten.

__7.4 Satz.__ *Sei A die Matrix aus 7.1 mit $p_0 > 0$ und $p_i > 0$ für ein i mit $2 \leqslant i \leqslant n$.*

Sei $z = (z_0,\ldots,z_n)$ mit $zA = z$ und $\sum\limits_{i=0}^{n} z_i = 1$. Ferner gebe es ein $k \in \{1,\ldots,n\}$ mit $z_0 \leqslant z_k$ (bzw. $z_0 < z_k$). Dann gilt

$$z_0 \leqslant z_k \leqslant z_{k+1} \leqslant \cdots \leqslant z_n \qquad (bzw. \ z_0 < z_k < z_{k+1} < \cdots < z_n) \ .$$

Insbesondere folgt $\max\limits_{i} z_i \in \{z_0, z_n\}$.

__Beweis.__ Sei k minimal gewählt, sodaß $z_0 \leqslant z_k$ (bzw. $z_0 < z_k$) gilt.

Es sei bereits $z_0 \leqslant z_k \leqslant \cdots \leqslant z_i$ gezeigt. Nach Wahl von k ist dann $z_j \leqslant z_0$ für $0 \leqslant j < k$. Dann folgt mit 7.2

$$z_i = \sum_{j=1}^{i} r_j \, z_{i-j}$$

$$= \sum_{j=1}^{i+1} r_j \, z_{i+1-j} - r_1 \, z_i + \frac{1}{p_0} (p_2 \, z_{i-1} + \cdots + p_{i+1} \, z_0)$$

$$\underset{(1)}{\leqslant} z_{i+1} - r_1 \, z_i + \frac{1}{p_0} (p_2 + \cdots + p_{i+1}) z_i$$

$$= z_{i+1} - r_{i+1} \, z_i \underset{(2)}{\leqslant} z_{i+1} \, .$$

Also folgt $z_i \leqslant z_{i+1}$.

Sei nun bereits $z_0 < z_k < \cdots < z_i$ bewiesen. Nach Wahl von k ist dann $z_j \leqslant z_0 < z_i$ für $j < k$, also $z_j < z_i$ für alle $j < i$.

Ist $r_{i+1} = 0$, so ist $p_j > 0$ für ein geeignetes j mit $2 \leqslant j \leqslant i+1$, da nach Voraussetzung $r_1 > 0$ gilt. In diesem Falle steht in der obigen Ungleichung bei (1) ein echtes Ungleichheitszeichen, also ist $z_i < z_{i+1}$.

Ist $r_{i+1} > 0$, so steht bei (2) ein echtes Ungleichheitszeichen, da nach 7.3 c) z_i positiv ist. q.e.d.

<u>7.5 Satz.</u> *Sei* A *die Matrix aus 7.1 mit* $p_0 > 0$ *und* $p_i > 0$ *für ein i mit* $2 \leqslant i \leqslant n$.

Sei $z = (z_0, \ldots, z_n)$ *mit* $zA = z$ *und* $\sum_{i=0}^{n} z_i = 1$. *Sei schließlich wieder*

$$r_j = \frac{1}{p_0} (1 - p_0 - \cdots - p_j) \qquad (1 \leqslant j \leqslant n) \, .$$

a) *Stets gilt*

$$\sum_{i=0}^{n-1} z_i < \frac{1}{r_1}$$

und

$$\sum_{i=1}^{n} z_i < \sum_{i=1}^{n} r_i = \sum_{i=1}^{n} (i-1) \frac{p_i}{p_0} \, .$$

b) *Ist* $r_1 > 1$, *so gilt* $z_0 < z_1 < \cdots < z_n$.
Ist $r_1 = 1$, *so gilt* $z_0 = z_1 < z_2 < \cdots < z_n$ *oder* A *ist doppelt stochastisch.*

c) *Ist* $\sum_{k=1}^{i} r_k \leqslant 1$ *für ein i mit* $2 \leqslant i \leqslant n$, *so gilt*

$$z_i < \left(\sum_{k=1}^{i} r_k \right) z_0$$

oder A *ist doppelt stochastisch.* (*Der zweite Fall tritt nur für* $r_1 = 1$ *ein.*)

<u>Beweis.</u> a) Nach 7.3 c) ist $z_0 > 0$. Ferner liefert 7.2 a) nun $z_i \geq r_1 z_{i-1}$ für $i \geq 1$. Also folgt

$$1 > \sum_{i=1}^{n} z_i \geq r_1 \sum_{i=0}^{n-1} z_i .$$

Weiter gilt

$$\sum_{i=1}^{n} z_i = \sum_{i=1}^{n} \sum_{k=1}^{i} r_k z_{i-k} = \sum_{k=1}^{n} r_k \sum_{i=k}^{n} z_{i-k} < \sum_{k=1}^{n} r_k ,$$

da $r_1 > 0$ und $\sum_{i=0}^{n-1} z_i = 1 - z_n < 1$ nach 7.3 c).

b) Ist $r_1 > 1$, so folgt die Behauptung wegen $z_1 = r_1 z_0 > z_0$ mit 7.4. Ist $r_1 = 1$ und $r_2 > 0$, so erhalten wir

$$z_1 = r_1 z_0 = z_0 ,$$

$$z_2 = r_1 z_1 + r_2 z_0 = (r_1 + r_2) z_0 > z_0 .$$

Dann ist nach 7.4

$$z_0 = z_1 < z_2 < \cdots < z_n .$$

Ist hingegen

$$1 = r_1 = \frac{1}{p_0} (1 - p_0 - p_1)$$

und

$$0 = r_2 = \frac{1}{p_0} (1 - p_0 - p_1 - p_2) ,$$

so ist

$$1 = p_0 + p_1 + p_2 = 2p_0 + p_1 ,$$

also $p_0 = p_2$. Dann ist A doppelt stochastisch.

c) Ist $r_1 = 1$, so gilt $r_2 = 0$, und A ist doppelt stochastisch. Sei also $r_1 < 1$. Dann gilt

$$z_1 = r_1 z_0 < z_0$$

und wegen $r_1 > 0$ auch

$$z_2 = r_1 \, z_1 + r_2 \, z_0 < (r_1 + r_2) \, z_0 \leq z_0 \, .$$

Sei bereits bewiesen, daß

$$z_k < (\sum_{j=1}^{k} r_j) \, z_0 \leq z_0$$

gilt für $1 \leq k \leq i-1$. Dann folgt mit 7.2 a) wegen $r_1 > 0$

$$z_i = \sum_{j=1}^{i} r_j \, z_{i-j} < (\sum_{j=1}^{i} r_j) \, z_0 \leq z_0 \, . \qquad \underline{\text{q.e.d.}}$$

Man kann die Abschätzung aus 7.5 c) wie folgt interpretieren: Wegen

$$\sum_{i=1}^{n} r_i = \frac{1}{p_0} \sum_{i=2}^{n} (i-1) p_i$$

ist die Bedingung $\sum_{i=1}^{n} r_i \leq 1$ gleichwertig mit

$$\sum_{i=2}^{n} (i-1) p_i \leq p_0 \, ,$$

also mit

$$\sum_{i=1}^{n} i \, p_i \leq \sum_{i=0}^{n} p_i = 1 \, .$$

Dabei ist $\sum_{i=1}^{n} i p_i$ der sog. Erwartungswert für die Anzahl der in der Zeiteinheit ankommenden Personen. Ist $\sum_{i=1}^{n} i p_i \leq 1$, so folgt mit 7.5 c) also $z_i \leq z_0$ für $i = 1,\ldots,n$. Ist $\sum_{i=1}^{n} i p_i$ sehr klein, so sind wegen

$$z_i \leq (\sum_{i=2}^{n} \frac{(i-1) p_i}{p_0}) \, z_0$$

auch alle z_i mit $i \geq 1$ sehr klein gegenüber z_0.

Im Falle c) von 7.5 kann man im allgemeinen keine Monotonieaussagen für die z_i mehr machen. Ferner läßt sich für $\sum_{k=1}^{i} r_k > 1$ die Lage der z_i relativ zu z_0 nicht mehr allgemein bestimmen. Dies zeigen die folgenden Beispiele.

<u>7.6 Beispiele.</u> Sei A eine stochastische Matrix von der Gestalt in 7.1.

a) Sei zuerst speziell $p_0 \neq 0 \neq p_3$ und $p_1 = p_2 = p_4 = \ldots = p_n = 0$.

Dann gilt

$$r = r_1 = r_2 = \frac{1 - p_0}{p_0} \neq 0 \qquad \text{und } r_j = 0 \qquad \text{für } j \geq 3 .$$

Mit 7.2 a) erhalten wir daher

$$z_1 = r z_0 \quad \text{und} \quad z_i = r(z_{i-1} + z_{i-2}) \quad \text{für} \quad 2 \leq i \leq n .$$

Wählen wir speziell $r = \frac{1}{2}$, so ist $\sum_{i=1}^{n} r_i = 2r = 1$, und der Fall von 7.5 c) liegt vor. Dann ist z_i für $2 \leq i \leq n$ das arithmetische Mittel von z_{i-1} und z_{i-2}. Also gelten keine Monotonieaussagen.

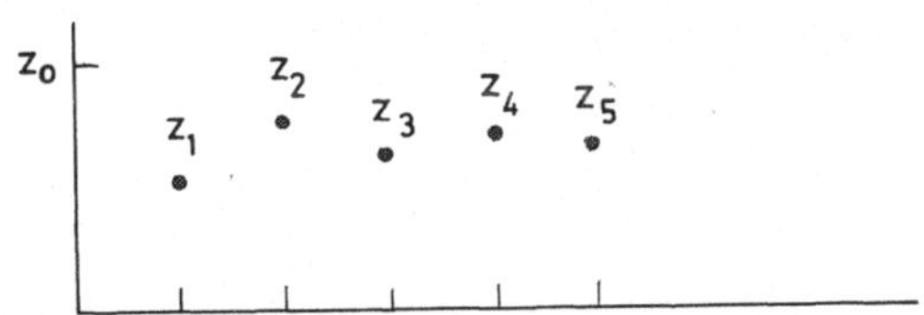

b) Sei nun $p_0 \neq 0 \neq p_n$ und $p_1 = p_2 = \dots = p_{n-1} = 0$ mit $n \geq 3$. Aus $zA = z$ folgt

$$z_0 \quad = p_0 \, z_0 + p_0 \, z_1$$

$$z_1 \quad = p_0 \, z_2$$
$$\vdots$$
$$z_{n-2} = p_0 \, z_{n-1}$$

$$z_{n-1} = p_n \, z_0 + p_0 \, z_n$$

$$z_n \quad = p_n \, (z_1 + \dots + z_n) .$$

Daraus erhält man leicht

$$z_i = \frac{p_n}{p_0^{\,i}} \, z_0 \qquad \text{für} \quad 1 \leq i \leq n-1$$

und

$$z_n = \frac{p_n}{p_0} \left(\frac{1}{p_0^{\,n-1}} - 1 \right) z_0 .$$

(Mit einer etwas umständlichen Rechnung hätte man dies auch aus 7.2 entnehmen können.)

Offenbar gilt nun $z_1 < z_2 < \dots < z_{n-1}$.

Wir bezeichnen mit $p(i)$ $(1 \leqslant i \leqslant n-1)$ die einzige Nullstelle des Polynoms $x^i + x - 1$ im Intervall $[0,1]$.

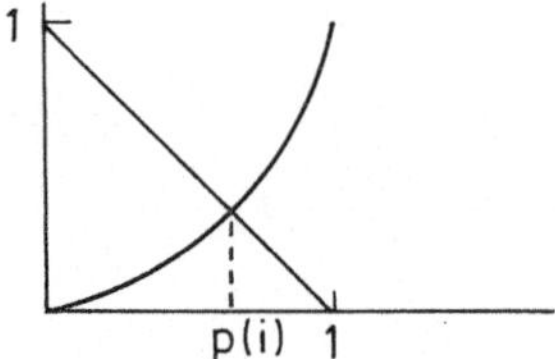

Dann gilt für $1 \leqslant i \leqslant n-1$ genau dann $z_i \leqslant z_0$, wenn $p(i) \leqslant p_0 \leqslant 1$. Mit 7.5 c) folgt nun

$$z_i < \left(\sum_{k=1}^{i} r_k \right) z_0 = i \; \frac{1 - p_0}{p_0} \; z_0 \leqslant z_0$$

nur dann, wenn p_0 in dem kleineren Intervall $\left[\frac{i}{i+1}, 1 \right]$ liegt. (Man bestätigt leicht, daß $p(i) < \frac{i}{i+1}$.)

Die Ungleichung $z_{n-1} \leqslant z_n$ ist gleichwertig mit $0 \leqslant p_0 \leqslant p(n-1)$. Genau dann gilt nun $z_n \leqslant z_0$, wenn $p_0 \geqslant p(n-1)$.

Die Formeln aus 7.2 b) sind nicht immer handlich. Hat man zum Beispiel $p_0 = p > 0$ und $p_1 = \ldots = p_n = s > 0$, so erhält man

$$r_j = \frac{s}{p} \; (n-j)$$

und dann

$$s_{j,k} = \left(\frac{s}{p} \right)^k \sum_{t_i} (n-1)^{t_1} (n-2)^{t_2} \ldots 1^{t_{n-1}}$$

mit der Summationsvorschrift

$$\sum_{i=1}^{n-1} t_i = k \qquad \text{und} \qquad \sum_{i=1}^{n-1} i t_i = j \; .$$

Zur Behandlung dieses Falles verwendet man zweckmäßiger eine Technik, die auch bei anderen Aufgaben häufig nützlich ist (siehe etwa Beispiele 8.8 und 9.9).

7.7 Satz. *Die Folge* $x = (x_0, x_1, x_2, \ldots)$ *von komplexen Zahlen* x_i *erfülle für* $i \geqslant 0$ *die lineare Rekursionsgleichung*

$$x_{i+2} = a \, x_i + b \, x_{i+1}$$

mit komplexen Zahlen a, b *und mit* $a \neq 0$. *Wir bilden das Polynom*

$$f = 1 - bt - at^2 \; .$$

Sei

$$f = (1 - ut)(1 - vt)$$

mit komplexen Zahlen u *und* v.

a) *Sei* $u \neq v$. *Dann gilt*

$$x_i = c_1 u^i + c_2 v^i$$

mit geeigneten c_1, c_2. *Ist* $k < m$ *und* $u^{m-k} \neq v^{m-k}$, *so ist* x *durch Vorgabe von* x_k *und* x_m *eindeutig bestimmt. Insbesondere gilt*

$$c_1 = \frac{x_1 - vx_0}{u - v} \qquad \text{und} \qquad c_2 = \frac{ux_0 - x_1}{u - v} \;.$$

(*Für* $u^{m-k} = v^{m-k}$ *gilt hingegen* $x_m = u^{m-k} x_k$.)

b) *Sei nun* $u = v$, *also* $b = 2u$ *und* $a = -u^2$. *Dann ist*

$$x_i = c_1 u^i + c_2 i u^i \;.$$

Ist $k < m$, *so ist* x *durch Vorgabe von* x_k *und* x_m *eindeutig bestimmt. Insbesondere gilt*

$$c_1 = x_0 \qquad \text{und} \qquad c_2 = \frac{x_1 - u x_0}{u} \;.$$

<u>Beweis.</u> a) Die Ähnlichkeit unserer Aufgabe mit linearen Differential-gleichungen zweiter Ordnung mit konstanten Koeffizienten verleitet zu dem Ansatz $x_i = w^i$ mit noch zu bestimmendem w. Das erfordert

$$0 = w^{i+2} (1 - a w^{-2} - b w^{-1}) = w^{i+2} f\left(\frac{1}{w}\right) \;.$$

Dies wird erfüllt durch $w = u$ und $w = v$. Dann ist auch

$$x_i = c_1 u^i + c_2 v^i$$

für alle komplexen Zahlen c_1, c_2 eine Lösung unserer linearen Rekursionsgleichung.

Offenbar ist x durch Vorgabe von x_0 und x_1 eindeutig bestimmt. Da das lineare Gleichungssystem

$$x_0 = c_1 + c_2$$

$$x_1 = c_1 u + c_2 v$$

die eindeutig bestimmte Lösung

$$c_1 = \frac{x_1 - vx_0}{u - v}, \; c_2 = \frac{ux_0 - x_1}{u - v}$$

hat, hat jede Lösung der Rekursionsgleichung die Gestalt

$$x_i = c_1 \, u^i + c_2 \, v^i$$

mit geeigneten c_1, c_2.

Sei nun $k < m$. Das Gleichungssystem

$$x_k = c_1 \, u^k + c_2 \, v^k$$

$$x_m = c_1 \, u^m + c_2 \, v^m$$

ist eindeutig nach c_1, c_2 auflösbar, sofern

$$\det \begin{pmatrix} u^k & v^k \\ u^m & v^m \end{pmatrix} = u^k v^k \, (v^{m-k} - u^{m-k}) \neq 0 \; .$$

Wegen $uv = -a \neq 0$ erfordert dies $v^{m-k} \neq u^{m-k}$.

b) Sei nun $u = v$. Dann liefert der Ansatz $x_i = c_1 \, u^i$ noch nicht alle Lösungen. Ähnlich wie bei Differentialgleichungen erhält man als weitere Lösung nun $x_i = i \, u^i$, denn wegen $u^2 = -a$ und $2u = b$ ist

$$(i+2) \, u^{i+2} - ai \, u^i - b(i+1) \, u^{i+1} = u^i \, (-(i+2)a - ai + 2(i+1)a) = 0.$$

Also ist auch

$$x_i = c_1 \, u^i + c_2 \, iu^i$$

für beliebige c_1, c_2 eine Lösung. Da diese Lösung x durch Vorgabe von x_0 und x_1 eindeutig bestimmt ist und man das Gleichungssystem

$$x_0 = c_1$$

$$x_1 = c_1 \, u + c_2 \, u$$

nach c_1, c_2 auflösen kann, hat jede Lösung diese Gestalt.

Die Gleichungen

$$x_k = c_1 \, u^k + c_2 \, ku^k$$

$$x_m = c_1 \, u^m + c_2 \, mu^m$$

sind für $k \neq m$ eindeutig nach c_1, c_2 auflösbar, da

$$\det \begin{pmatrix} u^k & ku^k \\ u^m & mu^m \end{pmatrix} = u^{k+m} \, (m-k) \neq 0 \; . \hspace{3cm} \underline{\text{q.e.d.}}$$

<u>7.8 Beispiel.</u> Wir betrachten das Warteschlangenproblem aus 7.1 mit

$p_0 = p > 0$ und $p_1 = \ldots = p_n = s > 0$, also $p + ns = 1$. Dann ist die Übergangsmatrix

$$A = \begin{pmatrix} p+s & s & \cdots & s & s & 0 \\ p & s & \cdots & s & s & s \\ 0 & p & \cdots & s & s & 2s \\ \vdots & \vdots & & \vdots & \vdots & \vdots \\ 0 & 0 & \cdots & p & s & (n-1)s \\ 0 & 0 & \cdots & 0 & p & ns \end{pmatrix} \, .$$

Es gilt

$$\lim_{k \to \infty} A^k = \begin{pmatrix} z_0 & z_1 & \cdots & z_n \\ \vdots & \vdots & \ddots & \vdots \\ z_0 & z_1 & \cdots & z_n \end{pmatrix} \, ,$$

wobei die z_i aus dem Gleichungssystem

$$
\begin{aligned}
z_0 &= (p + s)z_0 + p\, z_1 \\
z_1 &= s(z_0 + z_1) + p\, z_2 \\
&\ \vdots \\
z_i &= s(z_0 + \ldots + z_i) + p\, z_{i+1} \\
&\ \vdots \\
z_{n-1} &= s(z_0 + \ldots + z_{n-1}) + p\, z_n \\
z_n &= s\, z_1 + 2s\, z_2 + \ldots + ns\, z_n
\end{aligned}
$$

zu bestimmen sind. Dabei gilt für $1 \leqslant i \leqslant n-2$

$$z_i - z_{i+1} = p\, z_{i+1} - p\, z_{i+2} - s\, z_{i+1} \, .$$

Das ergibt

$$(1) \qquad z_{i+2} = -\frac{1}{p}\, z_i + \frac{p-s+1}{p}\, z_{i+1} \, .$$

Wir ersetzen das obenstehende Gleichungssystem durch

$$
\begin{aligned}
(2) \qquad w_0 &= (p + s)w_0 + p\, w_1 \\
w_1 &= s(w_0 + w_1) + p\, w_2 \\
&\ \vdots \\
w_{i+2} &= -\frac{1}{p}\, w_i + \frac{p-s+1}{p}\, w_{i+1} \qquad \text{für } i \geqslant 1 \, .
\end{aligned}
$$

Dann ist offenbar

$$\frac{z_i}{z_0} = \frac{w_i}{w_0} \qquad \text{für } i \leqslant n \, .$$

Setzen wir $x_i = w_{i+1}$, so erhalten wir also

$$(3) \qquad x_{i+2} = -\frac{1}{p} x_i + \frac{p-s+1}{p} x_{i+1} \qquad \text{für } i \geq 0$$

mit

$$x_0 = w_1 = \frac{1-p-s}{p} w_0 \qquad \text{und } x_1 = w_2 = \frac{(1-s)^2 - p}{p^2} w_0 \; .$$

Wir definieren wie in 7.7 das Polynom f und die komplexen Zahlen u,v durch

$$(1 - ut)(1 - vt) = f = 1 - \frac{p-s+1}{p} t + \frac{1}{p} t^2 \; .$$

Fall 1: Sei zuerst $u \neq v$. Nach 7.7 a) ist dann für $i \geq 3$

$$w_i = x_{i-1} = \frac{(x_1 - vx_0)\, u^{i-1} - (x_1 - ux_0)\, v^{i-1}}{u - v}$$

$$= \frac{x_0}{u - v} (u^i - v^i) + \frac{(x_1 - (u+v)x_0)}{u - v} (u^{i-1} - v^{i-1})$$

$$= \frac{w_0}{u - v} \left\{ \frac{1-p-s}{p} (u^i - v^i) + \frac{p-1}{p} (u^{i-1} - v^{i-1}) \right\} \; .$$

Dabei ist w_0 zu bestimmen aus $1 = \sum_{i=0}^{n} w_i$. Die Berechnung von w_0 erfordert nur die Auswertung der geometrischen Reihen $\sum_{i=0}^{n} u^i$ und $\sum_{i=0}^{n} v^i$, ist also leicht auszuführen.

Fall 2: Sei nun $u = v$, also

$$2u = \frac{p-s+1}{p} \qquad \text{und} \qquad u^2 = \frac{1}{p} \; .$$

Das erfordert

$$\frac{1}{p} = \left(\frac{p-s+1}{2p} \right)^2 \; .$$

Wegen $p + ns = 1$ folgt

$$4(1 - ns) = (2 - (n+1)s)^2$$

und daraus

$$s = \frac{4}{(n+1)^2} \; .$$

Dann ist

$$p = 1 - ns = \left(\frac{n-1}{n+1} \right)^2$$

und

$$2u = \frac{p-s+1}{p} = 2 \frac{(n^2 - 1)}{(n-1)^2} = 2 \frac{n+1}{n-1} \; .$$

Also gilt $u = \frac{n+1}{n-1}$. Mit 7.7 b) folgt nun für $i \geqslant 1$

$$\begin{aligned}
w_i = x_{i-1} &= x_0 u^{i-1} + (x_1 - ux_0)(i-1)u^{i-2} \\[2mm]
&= i x_0 u^{i-1} + (i-1)(x_1 - 2ux_0)u^{i-2} \\[2mm]
&= w_0 \left\{ \frac{1-p-s}{p} i u^{i-1} + (i-1)\frac{p-1}{p} u^{i-2} \right\} \\[2mm]
&= w_0 \left\{ \frac{4}{n-1} i \left(\frac{n+1}{n-1}\right)^{i-1} - (i-1)\frac{4n}{(n-1)^2}\left(\frac{n+1}{n-1}\right)^{i-2} \right\} \\[2mm]
&= w_0 \frac{(n+1)^{i-2}}{(n-1)^i} \left\{ 4i(n+1) - 4n(i-1) \right\} \\[2mm]
&= w_0 \frac{(n+1)^{i-2}}{(n-1)^i} \, 4(n+i) \; .
\end{aligned}$$

Dies beschreibt deutlich die Abhängigkeit von i. Insbesondere gilt

$$w_1 < w_2 < \cdots < w_n \; .$$

Wegen

$$\lim_{n \to \infty} \left(\frac{n+1}{n-1}\right)^n = \lim_{n \to \infty} (1 + \frac{2}{n-1})^n = e^2$$

gilt für große n

$$w_n \sim \frac{8\, e^2}{n} w_0 \ll w_0 \; .$$

Hingegen ist

$$\frac{w_n}{w_0} > \frac{8n}{(n-1)^2} > \frac{8}{n-1} \geqslant 1 \qquad \text{für } n \leqslant 9 \; .$$

In diesem Falle läßt sich auch der Normierungsfaktor w_0 relativ leicht berechnen.

Wir setzen

$$s_i = \sum_{j=0}^{i} z_j = \sum_{j=0}^{i} w_j \qquad \text{für } 0 \leqslant i \leqslant n \; .$$

Dann ist

$$s_0 = w_0 \; ,$$
$$s_1 = \frac{1-s}{p} w_0 \; .$$

Für $i \geq 1$ gilt

$$p\, s_{i+1} = p\, s_i + p\, z_{i+1} \qquad = p\, s_i + z_i - s\, s_i$$

$$= (p-s)\, s_i + s_i - s_{i-1} = (1+p-s)\, s_i - s_{i-1} \ .$$

Mit 7.7 b) folgt daher

$$s_i = s_0\, u^i + i(s_1 - u s_0)\, u^{i-1} \ .$$

Also gilt insbesondere

$$1 = s_n = w_0\, u^{n-1}\, (u + n\, (\frac{1-s}{p} - u))$$

$$= w_0\, u^{n-1}\, (u(1-n) + n\, \left(\frac{n+1}{n-1}\right)^2\, (1 - \frac{4}{(n+1)^2}))$$

$$= w_0\, \frac{(n+1)^{n-1}}{(n-1)^n}\, (3n + 1) \ .$$

Daher ist

$$w_0 = \frac{(n-1)^n}{(n+1)^{n-1}\,(3n+1)} = (1 - \frac{2}{n+1})^n\, \frac{n+1}{3n+1} \sim \frac{e^{-2}}{3} \sim 0{,}045$$

für große n und

$$w_i = w_0\, \frac{(n+1)^{i-2}}{(n-1)^i}\, 4\,(n+i) = \frac{(n-1)^{n-i}}{(n+1)^{n-i+1}}\, \frac{4\,(n+i)}{3n+1} \ .$$

Von ähnlichem Charakter wie 7.1 ist das folgende Bedienungsproblem.

<u>7.9 Beispiel.</u> Eine Fabrik habe n Maschinen desselben Typs, von denen sie laufend möglichst viele in Betrieb halten will. Der Zustand der Fabrik sei beschrieben durch die Angabe der Anzahl i der intakten Maschinen zu Wochenbeginn ($0 \leq i \leq n$). Sind am Wochenbeginn genau i Maschinen intakt, so gehen die defekten n-i Maschinen in Reparatur und werden im Verlaufe der Woche alle wieder instandgesetzt. Die Wahrscheinlichkeit für den Ausfall einer zu Wochenbeginn intakten Maschine im Laufe der Woche sei p mit $0 < p < 1$. Die Wahrscheinlichkeit für den Ausfall von genau j bestimmten der i Maschinen ($0 \leq j \leq i$) in der Woche ist dann $p^j\, q^{i-j}$ mit $q = 1-p$. Da eine i-elementige Menge genau $\binom{i}{j}$ Teilmengen mit j Elementen hat, ist die Wahrscheinlichkeit für den Ausfall irgendwelcher j Maschinen von i intakten gerade

$$\binom{i}{j}\, p^j\, q^{i-j} \ .$$

Also erfolgt in einer Woche der Übergang

$$i \longrightarrow (i-j) + (n-i) = n-j$$

für $0 \leqslant j \leqslant i$ mit der Wahrscheinlichkeit

$$\binom{i}{j} \, p^j \, q^{i-j} \; .$$

Die Übergangsmatrix ist daher

$$A = \begin{pmatrix} 0 & \cdots & & & & & 0 & 0 & 1 \\ 0 & \cdots & & & & & 0 & p & q \\ 0 & \cdots & & & & & p^2 & 2pq & q^2 \\ \vdots & & & & p^{n-i} & \cdot & \cdot & \cdot & \\ & p^{n-i+1} & \binom{n-i+1}{1} p^{n-i} q & & & & & \\ & \cdot \cdot \cdot & \binom{n-i+2}{2} p^{n-i} q^2 & & & & & \\ p^n & \cdots & \binom{n}{i} p^{n-i} q^i & \cdots & & & & & q^n \end{pmatrix} .$$

$$\uparrow$$
$$(i\text{-te Spalte})$$

Wegen $0 < q < 1$ sind alle Einträge der letzten Spalte von A positiv. Also ist A nach 2.14 sehr gut, und nach 3.4 b) gilt

$$\lim_{k \to \infty} A^k = \begin{pmatrix} z_0 & z_1 & \cdots & z_n \\ \vdots & \vdots & & \vdots \\ z_0 & z_1 & \cdots & z_n \end{pmatrix} ,$$

wobei $z = (z_0, z_1, \ldots, z_n)$ aus $zA = z$ und $\sum_{i=0}^{n} z_i = 1$ zu berechnen ist. Das erfordert

$$z_i = p^{n-i} z_{n-i} + \binom{n-i+1}{1} p^{n-i} q \, z_{n-i+1} + \cdots + \binom{n}{i} p^{n-i} q^i z_n$$

$$= p^{n-i} \sum_{j=0}^{i} \binom{n-i+j}{j} q^j z_{n-i+j} \; .$$

Wir zeigen, daß

$$z_i = \binom{n}{i} p^{n-i} (1+p)^{-n}$$

die eindeutige Lösung liefert. Das erfordert

$$\binom{n}{i} = \sum_{j=0}^{i} \binom{n-i+j}{j} \binom{n}{n-i+j} q^j p^{i-j} \; .$$

Nun gilt

$$\binom{n-i+j}{j} \binom{n}{n-i+j} = \binom{n}{i} \binom{i}{j} \; ;$$

das entnimmt man etwa aus

$$(x+y+z)^n = \sum_{i=0}^{n} \binom{n}{i} x^{n-i} \sum_{j=0}^{i} \binom{i}{j} y^j z^{i-j}$$

$$= \sum_{k=0}^{n} \binom{n}{k} \sum_{m=0}^{n-k} \binom{n-k}{m} x^m y^{n-k-m} z^k$$

durch Vergleich der Koeffizienten von $x^{n-i} y^j z^{i-j}$, denn dieser liefert

$$\binom{n}{i} \binom{i}{j} = \binom{n}{i-j} \binom{n-i+j}{n-i} = \binom{n}{n-i+j} \binom{n-i+j}{j} .$$

Damit folgt

$$\sum_{j=0}^{i} \binom{n-i+j}{j} \binom{n}{n-i+j} q^j p^{i-j} = \sum_{j=0}^{i} \binom{n}{i}\binom{i}{j} q^j p^{i-j} = \binom{n}{i} (p+q)^i = \binom{n}{i}.$$

Die Normierung der z_i war bereits so getroffen worden, daß $\sum_{i=0}^{n} z_i = 1$ gilt. Die Konvergenzgeschwindigkeit der Folge A^k wird hier nach 4.4 a) wesentlich von $1 - q^n$ bestimmt.

Man kann das Ergebnis auf folgende Weise plausibel machen:

Wir verfolgen das Schicksal einer bestimmten Maschine. Die Übergangsmatrix dafür ist

$$B = \begin{pmatrix} 1-p & p \\ 1 & 0 \end{pmatrix} .$$

Nach 1.5 a) gilt für $p \neq 1$

$$\lim_{k \to \infty} B^k = \begin{pmatrix} \dfrac{1}{1+p} & \dfrac{p}{1+p} \\[2ex] \dfrac{1}{1+p} & \dfrac{p}{1+p} \end{pmatrix} .$$

Also ist nach langer Zeit jede einzelne Maschine mit Wahrscheinlichkeit $\frac{1}{1+p}$ intakt und mit Wahrscheinlichkeit $\frac{p}{1+p}$ defekt. Es liegt nahe, dann

$$z_i = \binom{n}{i} \left(\frac{1}{1+p} \right)^i \left(\frac{p}{1+p} \right)^{n-i} = \binom{n}{i} \frac{p^{n-i}}{(1+p)^n}$$

anzunehmen. Eine allgemeine Begründung für diesen Schluß geben wir in § 10.

Aufgaben

31) Sei A wie in 7.1 gebildet mit den Wahrscheinlichkeiten p_i und A' analog mit den Wahrscheinlichkeiten p_i'. Man zeige: Genau dann gilt

$$\lim_{k \to \infty} A^k = \lim_{k \to \infty} A'^k ,$$

wenn es entweder ein a > 0 gibt mit $p_i' = ap_i$ für alle $i \neq 1$ und
$1 - p_1' = a(1 - p_1)$, oder wenn $p_0 = p_0' = 0$ und $p_1 < 1$, $p_1' < 1$ gilt.

$\underline{32}$) Wir variieren Beispiel 7.9: Eine Fabrik habe zwei Maschinen des
gleichen Typs, jede falle mit Wahrscheinlichkeit p im Laufe einer
Woche aus (0 < p < 1). Die Werkstatt kann nur an einer Maschine arbei-
ten, sie benötige zwei Wochen für die Reparatur. Wir beschreiben die
Zustände durch Angabe des Paares (x,y), wobei x die Anzahl der bei
Wochenbeginn intakten Maschinen ist (0 $\leqslant$ x $\leqslant$ 2) und y die Anzahl der
bei einer in Reparatur befindlichen Maschine bereits aufgewandten
Arbeitswochen (0 < y < 1). Man stelle die Übergangsmatrix A auf, beweise
die Existenz von $\lim_{k \to \infty} A^k$ und berechne diesen.

$\underline{33}$) Wir variieren Aufgabe 32: Eine Fabrik habe zwei Maschinen desselben
Typs, von denen jedoch höchstens eine jeweils läuft. Sie werde mit
Wahrscheinlichkeit p (0 < p < 1) im Verlaufe einer Woche defekt. Eine
Reparaturmannschaft sei verfügbar, sie benötige zwei Wochen für die
Reparatur einer Maschine. Man stelle die Übergangsmatrix A auf, beweise
die Existenz von $\lim_{k \to \infty} A^k$ und berechne diesen.

$\underline{34}$) Eine Fabrik habe drei Maschinen desselben Typs, jede falle in einer
Woche mit der Wahrscheinlichkeit p aus (0 < p < 1). Es mögen zwei
Reparaturmannschaften zur Verfügung stehen, jede kann pro Woche eine
Maschine reparieren. Man stelle die Übergangsmatrix A auf und beweise
die Existenz von $\lim_{k \to \infty} A^k$.

§ 8 Prozesse mit absorbierenden Zuständen

Viele stochastische Matrizen, die aus interessanten Prozessen stammen, sind nicht unzerlegbar, sondern weisen sog. absorbierende Zustände auf. Mit solchen Matrizen beschäftigen wir uns in diesem Paragraphen.

8.1 Definition. Sei $A = (a_{ij})$ eine stochastische Matrix vom Typ (n,n). Wir nennen i einen *absorbierenden Zustand*, falls $a_{ii} = 1$ und daher $a_{ij} = 0$ für alle $j \neq i$ gilt. (Hat A m absorbierende Zustände, so ist die Vielfachheit von 1 als Eigenwert von A also mindestens gleich m.)

8.2 Satz. a) *Sei*

$$A = \begin{pmatrix} E & O \\ C & D \end{pmatrix}$$

stochastisch vom Typ (n,n), *wobei* E *die Einheitsmatrix vom Typ* (m,m) *mit* $1 \leqslant m < n$ *sei.* (*Das heißt also, daß* $1,\ldots,m$ *absorbierende Zustände sind.*) *Ferner sei von jedem Zustand in* $\{m+1, m+2, \ldots, n\}$ *aus wenigstens einer der Zustände in* $\{1,\ldots,m\}$ *erreichbar. Dann gilt*

$$\lim_{k \to \infty} A^k = \begin{pmatrix} E & O \\ (E-D)^{-1}C & O \end{pmatrix}.$$

Also wandert alles in die absorbierenden Zustände $1,\ldots,m$ *ab. Die Wahrscheinlichkeit dafür, vom Zustande* i *mit* $m+1 \leqslant i \leqslant n$ *schließlich in den Zustand* j *mit* $1 \leqslant j \leqslant m$ *zu gelangen, gibt der entsprechende Koeffizient von* $(E-D)^{-1}C$ *an.*

b) *Nun sei*

$$A = \begin{pmatrix} B & O \\ C & D \end{pmatrix}$$

stochastisch vom Typ (n,n), *wobei* B *sehr gut vom Typ* (m,m) *mit* $1 \leqslant m < n$ *sei. Wieder sei von jedem Zustand in* $\{m+1,\ldots,n\}$ *aus wenigstens einer der Zustände in* $\{1,\ldots,m\}$ *erreichbar. Dann ist* A *sehr gut und*

$$\lim_{k \to \infty} A^k = \begin{pmatrix} r_1 & r_2 & \cdots & r_m & O & \cdots & O \\ r_1 & r_2 & \cdots & r_m & O & \cdots & O \\ \vdots & \vdots & & \vdots & \vdots & & \vdots \\ r_1 & r_2 & \cdots & r_m & O & \cdots & O \end{pmatrix}$$

mit geeigneten r_i.

<u>Beweis.</u> a) Diese Aussage folgt sofort aus 3.9.

b) Da alle Eigenwerte von D nach 3.9 a) einen Betrag kleiner als 1 haben, ist auch A sehr gut. Somit folgt aus 3.1 b), daß alle Zeilen von $\lim\limits_{k \to \infty} A^k$ gleich sind. Wegen

$$A^k = \begin{pmatrix} B^k & O \\ * & D^k \end{pmatrix}$$

hat $\lim\limits_{k \to \infty} A^k$ die angegebene Gestalt. <u>q.e.d.</u>

<u>8.3 Beispiel.</u> Der Zustand des Systems sei beschrieben durch eine k-elementige Teilmenge I von $\{1,\ldots,n\}$ mit $2 \leqslant k < n$. Im Elementarvorgang werde eine Ziffer j aus $\{1,\ldots,n\}$ gezogen, jede mit Wahrscheinlichkeit $\frac{1}{n}$. Ist $j \in I$, so bleibe der Zustand I ungeändert. Ist $j \notin I$, so werde die kleinste Ziffer in I durch j ersetzt.

Aus der Zustandsgruppe

$$I_j = \{j, n-k+2, \ldots, n-1, n\} \qquad \text{mit } 1 \leqslant j \leqslant n-k+1$$

kommt man offenbar nicht heraus. Also hat die Übergangsmatrix bei geeigneter Numerierung der Zustände die Gestalt

$$A = \begin{pmatrix} B & O \\ C & D \end{pmatrix}.$$

Dabei ist

$$B = \begin{pmatrix} \frac{k}{n} & \frac{1}{n} & \cdots & \frac{1}{n} \\ \frac{1}{n} & \frac{k}{n} & \cdots & \frac{1}{n} \\ \vdots & \vdots & & \vdots \\ \frac{1}{n} & \frac{1}{n} & \cdots & \frac{k}{n} \end{pmatrix}$$

vom Typ $(n-k+1, n-k+1)$. Da B doppelt stochastisch mit lauter positiven Einträgen ist, gilt

$$\lim_{i \to \infty} B^i = \begin{pmatrix} \frac{1}{n-k+1} & \cdots & \frac{1}{n-k+1} \\ \vdots & & \vdots \\ \frac{1}{n-k+1} & \cdots & \frac{1}{n-k+1} \end{pmatrix}.$$

Ferner kann man von jedem Zustande aus nach $\{n-k+1,\ldots,n-1,n\}$ gelangen, indem man nacheinander $n, n-1, \ldots, n-k+1$ zieht. Also sind die Voraussetzungen von 8.2 b) erfüllt, und es folgt

$$\lim_{i \to \infty} A^i = \begin{pmatrix} \frac{1}{n-k+1} & \cdots & \frac{1}{n-k+1} & 0 & \cdots & 0 \\ \vdots & & \vdots & \vdots & & \vdots \\ \frac{1}{n-k+1} & \cdots & \frac{1}{n-k+1} & 0 & \cdots & 0 \end{pmatrix} .$$

$$\underbrace{}_{n-k+1 \text{ Spalten}} \qquad \underbrace{}_{\binom{n}{k} -n+k-1 \text{ Spalten}}$$

8.4 Beispiele aus der Genetik.

a) Eine vererbliche Eigenschaft werde durch Gene der Typen a und b bestimmt, jeder Mensch habe in seiner Erbanlage zwei solche Gene. Wir betrachten die Vererbung bei reiner Inzucht (wie etwa bei den Pharaonen) Es gibt für die Genverteilung eines Paares 6 Zustände, nämlich

1 : aa × aa	4 : ab × ab
2 : aa × ab	5 : ab × bb
3 : aa × bb	6 : bb × bb

(Dabei haben wir genetisch gleichwertige Zustände, wie etwa aa × bb und bb × aa, nicht unterschieden.)

Beim Erbvorgang erhält das Kind je ein Gen von beiden Eltern, und zwar jedes der Gene mit Wahrscheinlichkeit $\frac{1}{2}$. Das ergibt für die Genverteilung der Nachkommen in leicht verständlicher Schreibweise

$$aa \times aa \longrightarrow aa$$
$$aa \times ab \longrightarrow \frac{1}{2} aa + \frac{1}{2} ab$$
$$aa \times bb \longrightarrow ab$$
$$ab \times ab \longrightarrow \frac{1}{4} aa + \frac{1}{2} ab + \frac{1}{4} bb \qquad \text{(Mendelsche Gesetze)}$$
$$ab \times bb \longrightarrow \frac{1}{2} ab + \frac{1}{2} bb$$
$$bb \times bb \longrightarrow bb \quad .$$

Dabei bedeutet etwa die vierte Zeile, daß die Nachkommen eines Paares vom Typ ab × ab sich verteilen auf die Typen

$$aa \quad \text{mit Wahrscheinlichkeit } \frac{1}{4}$$
$$ab \quad \text{mit Wahrscheinlichkeit } \frac{1}{2}$$
$$bb \quad \text{mit Wahrscheinlichkeit } \frac{1}{4} \quad .$$

Das nächste Pharaonenpaar wird gebildet aus erstgeborenem Sohn und erstgeborener Tochter. Nehmen wir an, daß Söhne und Töchter immer vorhanden sind und daß Erstgeburt keine genetische Auszeichnung zur Folge hat, so ergibt sich

$$aa \times aa \longrightarrow aa \times aa$$

$$aa \times ab \longrightarrow \tfrac{1}{4} \, aa \times aa + \tfrac{1}{2} \, aa \times ab + \tfrac{1}{4} \, ab \times ab$$

$$aa \times bb \longrightarrow ab \times ab$$

$$ab \times ab \longrightarrow \tfrac{1}{16} \, aa \times aa + \tfrac{1}{4} \, aa \times ab + \tfrac{1}{8} \, aa \times bb$$

$$+ \tfrac{1}{4} \, ab \times ab + \tfrac{1}{4} \, ab \times bb + \tfrac{1}{16} \, bb \times bb$$

$$ab \times bb \longrightarrow \tfrac{1}{4} \, ab \times ab + \tfrac{1}{2} \, ab \times bb + \tfrac{1}{4} \, bb \times bb$$

$$bb \times bb \longrightarrow bb \times bb \; .$$

Das liefert die Übergangsmatrix

$$
A = \begin{pmatrix}
1 & 0 & 0 & 0 & 0 & 0 \\
\tfrac{1}{4} & \tfrac{1}{2} & 0 & \tfrac{1}{4} & 0 & 0 \\
0 & 0 & 0 & 1 & 0 & 0 \\
\tfrac{1}{16} & \tfrac{1}{4} & \tfrac{1}{8} & \tfrac{1}{4} & \tfrac{1}{4} & \tfrac{1}{16} \\
0 & 0 & 0 & \tfrac{1}{4} & \tfrac{1}{2} & \tfrac{1}{4} \\
0 & 0 & 0 & 0 & 0 & 1
\end{pmatrix} .
$$

Die Zustände 1 und 6 sind nun absorbierend. Von allen anderen Zuständen aus sind 1 und 6 erreichbar. Also folgt mit 8.2 a)

$$
\lim_{k \to \infty} A^{k} = P = \begin{pmatrix}
1 & & 0 \\
p_2 & & q_2 \\
p_3 & \mathbf{0} & q_3 \\
p_4 & & q_4 \\
p_5 & & q_5 \\
0 & & 1
\end{pmatrix}
$$

mit $p_i + q_i = 1$. Wir bestimmen die p_i aus $P = AP$. Das liefert

$$p_2 = \tfrac{1}{4} + \tfrac{1}{2} \, p_2 + \tfrac{1}{4} \, p_4$$

$$p_3 = p_4$$

$$p_4 = \tfrac{1}{16} + \tfrac{1}{4} \, p_2 + \tfrac{1}{8} \, p_3 + \tfrac{1}{4} \, p_4 + \tfrac{1}{4} \, p_5$$

$$p_5 = \tfrac{1}{4} \, p_4 + \tfrac{1}{2} \, p_5 \; .$$

Daraus ergibt sich

$$p_2 = \frac{3}{4}, \ p_3 = p_4 = \frac{1}{2}, \ p_5 = \frac{1}{4} \ .$$

Also ist

$$\lim_{k \to \infty} A^k = \begin{pmatrix} 1 & & 0 \\ \frac{3}{4} & & \frac{1}{4} \\ \frac{1}{2} & 0 & \frac{1}{2} \\ \frac{1}{2} & & \frac{1}{2} \\ \frac{1}{4} & & \frac{3}{4} \\ 0 & & 1 \end{pmatrix} .$$

Die Wahrscheinlichkeit dafür, schließlich den reinrassigen Typ aa × aa zu bekommen, ist also proportional zur Anzahl der Gene a im Ausgangspaar.

b) Wir verfolgen die Vererbung der Farbenblindheit bei den Pharaonen. Es gibt zwei Typen von Genen, nämlich

    a   farbensehend

    b   farbenblind .

Der Mann hat nur ein Gen, die Frau zwei. Das männliche Kind erhält nur eines der Gene der Mutter, das weibliche Kind außerdem noch das Gen des Vaters. Die Zustände seien wie folgt numeriert:

1 :	aa × a	4 :	aa × b
2 :	bb × b	5 :	ab × b
3 :	bb × a	6 :	ab × a

(Vor dem Kreuz stehen die Gene der Mutter, danach das des Vaters.) Offenbar sind 1 und 2 absorbierende Zustände. Ferner erfolgen mit Wahrscheinlichkeit 1 die Übergänge

$$bb \times a \longrightarrow ab \times b \quad \text{und} \quad aa \times b \longrightarrow ab \times a \ .$$

Schließlich hat ein Paar ab × b die Nachkommenverteilung

$$\frac{1}{2} a + \frac{1}{2} b \qquad \text{für männliche Kinder} \ ,$$

$$\frac{1}{2} ab + \frac{1}{2} bb \qquad \text{für weibliche Kinder} \ .$$

Das ergibt

$$ab \times b \longrightarrow \frac{1}{4} bb \times b + \frac{1}{4} bb \times a + \frac{1}{4} ab \times b + \frac{1}{4} ab \times a \ .$$

Analog folgt

$$ab \times a \longrightarrow \frac{1}{4} aa \times a + \frac{1}{4} aa \times b + \frac{1}{4} ab \times b + \frac{1}{4} ab \times a \ .$$

Insgesamt ergibt sich die Übergangsmatrix

$$A = \begin{pmatrix} 1 & 0 & 0 & 0 & 0 & 0 \\ 0 & 1 & 0 & 0 & 0 & 0 \\ 0 & 0 & 0 & 0 & 1 & 0 \\ 0 & 0 & 0 & 0 & 0 & 1 \\ 0 & \frac{1}{4} & \frac{1}{4} & 0 & \frac{1}{4} & \frac{1}{4} \\ \frac{1}{4} & 0 & 0 & \frac{1}{4} & \frac{1}{4} & \frac{1}{4} \end{pmatrix}.$$

Offenbar sind die Voraussetzungen von 8.2 a) erfüllt. Also gilt

$$\lim_{k \to \infty} A^k = P = \begin{pmatrix} 1 & 0 \\ 0 & 1 \\ p_3 & q_3 \\ p_4 & q_4 \\ p_5 & q_5 \\ p_6 & q_6 \end{pmatrix} \quad 0$$

mit $p_i + q_i = 1$. Aus $P = AP$ folgt

$$p_3 = p_5$$

$$p_4 = p_6$$

$$p_5 = \frac{1}{4} p_3 + \frac{1}{4} p_5 + \frac{1}{4} p_6$$

$$p_6 = \frac{1}{4} + \frac{1}{4} p_4 + \frac{1}{4} p_5 + \frac{1}{4} p_6 .$$

Das ergibt

$$p_3 = p_5 = \frac{1}{3}, \quad p_4 = p_6 = \frac{2}{3} .$$

Also ist

$$\lim_{k \to \infty} A^k = \begin{pmatrix} 1 & 0 \\ 0 & 1 \\ \frac{1}{3} & \frac{2}{3} \\ \frac{2}{3} & \frac{1}{3} \\ \frac{1}{3} & \frac{2}{3} \\ \frac{2}{3} & \frac{1}{3} \end{pmatrix} \quad 0 \quad .$$

c) Eine Zelle bestehe aus n Elementen, deren jedes den Typ a oder b haben kann. Der Zustand i ($0 \leq i \leq n$) liege vor, falls genau i Elemente der Zelle vom Typ a sind. Im Elementarvorgang werden alle Elemente der Zelle verdoppelt, aus den entstandenen 2n Elementen wird sodann eine Menge von n Elementen ausgewählt.

116

Das liefert

$$a_{ij} = \frac{\binom{2i}{j}\binom{2n-2i}{n-j}}{\binom{2n}{n}} \; ;$$

denn aus $a, \ldots, a_{2i}, b, \ldots, b_{2n-2i}$ lassen sich genau

$$\binom{2i}{j}\binom{2n-2i}{n-j}$$

Mengen vom Typ $a,\ldots,a_j,b,\ldots,b_{n-j}$ auswählen.

Nun gilt $a_{00} = a_{nn} = 1$, also sind die "reinen" Zustände O und n absorbierend. Ferner ist

$$a_{i0} = \frac{\binom{2i}{0}\binom{2n-2i}{n}}{\binom{2n}{n}} > 0 \qquad \text{für } 0 < i \leqslant \frac{n}{2}$$

und

$$a_{in} = \frac{\binom{2i}{n}\binom{2n-2i}{0}}{\binom{2n}{n}} > 0 \qquad \text{für } \frac{n}{2} \leqslant i < n \; .$$

Also ist von jedem Zustande aus O oder n erreichbar. Mit 8.2 a) folgt daher

$$P = \lim_{k \to \infty} A^k = \begin{pmatrix} 1 & & & O \\ p_1 & & & q_1 \\ p_2 & & & q_2 \\ \vdots & & O & \vdots \\ p_{n-1} & & & q_{n-1} \\ O & & & 1 \end{pmatrix} \; .$$

Zur Bestimmung der p_i verwenden wir einen Trick und zeigen, daß $Aw = w$ für

$$w = \begin{pmatrix} O \\ 1 \\ 2 \\ \vdots \\ n \end{pmatrix}$$

gilt. Ist dies bewiesen, so folgt $A^k w = w$, also auch $Pw = w$. Das liefert

$$i = p_i \, O + q_i \, n \; ,$$

also $q_i = \frac{i}{n}$ und $p_i = \frac{n-i}{n}$.

Zu zeigen bleibt für $0 \leqslant i \leqslant n$ also noch

$$i = \sum_{j=0}^{n} a_{ij} \, j = \sum_{j=0}^{n} \frac{\binom{2i}{j}\binom{2n-2i}{n-j}}{\binom{2n}{n}} \, j \; .$$

Dazu beachten wir für $0 \leqslant i \leqslant n$ die Polynomidentität

$$2i \sum_{k=0}^{2n-1} \binom{2n-1}{k} x^k = 2i(1 + x)^{2n-1}$$

$$= 2i(1 + x)^{2i-1}(1 + x)^{2n-2i}$$

$$= ((1 + x)^{2i})'(1 + x)^{2n-2i}$$

$$= \sum_{j=0}^{2i} j \binom{2i}{j} x^{j-1} \sum_{k=0}^{2n-2i} \binom{2n-2i}{k} x^k \; .$$

Der Vergleich des Koeffizienten von x^{n-1} liefert

$$2i \binom{2n-1}{n-1} = \sum_{j+k=n} j \binom{2i}{j} \binom{2n-2i}{k} = \sum_{j=0}^{n} j \binom{2i}{j} \binom{2n-2i}{n-j} \; .$$

Man bestätigt leicht

$$2i \binom{2n-1}{n-1} = i \binom{2n}{n} \; .$$

Man kann übrigens für diese Matrix A durch nicht ganz einfache Rechnungen sämtliche Eigenwerte bestimmen (siehe H. Kneser und H. Wielandt, Jahresbericht DMV 58 (1956), Aufgabe 347). Es sind dies die rationalen Zahlen

$$a_i = 2^i \frac{\binom{2n-i}{n-i}}{\binom{2n}{n}}$$

mit

$$1 = a_0 = a_1 > a_2 \cdots > a_n \; .$$

Die Konvergenzgeschwindigkeit unseres Prozesses wird wesentlich bestimmt durch

$$a_2 = 1 - \frac{1}{2n-1} \; ,$$

ist also für große n recht schlecht.

Für *Jacobi-Matrizen* mit absorbierenden Rändern kann man eine geschlossene Lösung angeben.

118

<u>8.5 Satz.</u> *Sei A stochastisch vom Typ* (n+1,n+1) *von der Gestalt*

$$A = \begin{pmatrix} 1 & 0 & 0 & 0 & & & \\ p_1 & q_1 & r_1 & 0 & & & \\ 0 & p_2 & q_2 & r_2 & & & \\ & & & & \ddots & & \\ & & & p_{n-1} & q_{n-1} & r_{n-1} \\ & & & 0 & 0 & 1 \end{pmatrix}$$

mit $r_1 \dots r_{n-1} > 0$. *Dann ist*

$$\lim_{k \to \infty} A^k = \begin{pmatrix} 1 & & & 0 \\ s_1 & & & 1-s_1 \\ \vdots & & 0 & \vdots \\ s_{n-1} & & & 1-s_{n-1} \\ 0 & & & 1 \end{pmatrix}$$

mit

$$s_i = \sum_{k=i}^{n-1} \frac{p_k p_{k-1} \cdots p_2}{r_k r_{k-1} \cdots r_2} \, u_1 \, ,$$

wobei u_1 *aus*

$$u_1 \left(1 - q_1 + p_1 \sum_{k=2}^{n-1} \frac{p_k \cdots p_2}{r_k \cdots r_2} \right) = p_1$$

zu bestimmen ist. (*Ähnliche Formeln gelten natürlich falls* $p_1 \dots p_{n-1} > 0$.)

<u>Beweis.</u> Indem wir die absorbierenden Zustände O und n als ersten und zweiten Zustand wählen, erhalten wir die Übergangsmatrix

$$B = \begin{pmatrix} E & 0 \\ C & D \end{pmatrix}$$

mit

$$C = \begin{pmatrix} p_1 & 0 \\ 0 & 0 \\ \vdots & \vdots \\ 0 & 0 \\ 0 & r_{n-1} \end{pmatrix} \quad \text{und } D = \begin{pmatrix} q_1 & r_1 & 0 & 0 & \\ p_2 & q_2 & r_2 & 0 & \\ & & & \ddots & \\ & & & q_{n-2} & r_{n-2} \\ 0 & 0 & 0 & \cdots & p_{n-1} & q_{n-1} \end{pmatrix} .$$

Wegen $r_1 \dots r_{n-1} > 0$ ist von jedem der Zustände $1,\dots,n-1$ aus der Zustand n erreichbar. Also gilt nach 8.2 a)

$$\lim_{k \to \infty} B^k = \begin{pmatrix} E & 0 \\ S & 0 \end{pmatrix}$$

mit S = C + DS. Das liefert das lineare Gleichungssystem

$$(1) \quad s_1 = p_1 \qquad\qquad + q_1 s_1 + r_1 s_2$$

$$(i) \quad s_i = p_i s_{i-1} \quad + q_i s_i + r_i s_{i+1} \qquad \text{für } 2 \leqslant i \leqslant n-2$$

$$(n-1) \quad s_{n-1} = p_{n-1} s_{n-2} + q_{n-1} s_{n-1} \; .$$

Wir machen den (offenbar immer möglichen) Ansatz

$$s_i = \sum_{k=i}^{n-1} u_k \; .$$

Dann erhalten wir

$$(1') \quad u_1 + p_1 \sum_{k=2}^{n-1} u_k - u_1 q_1 = p_1$$

$$(i') \quad r_i \; u_i = p_i \; u_{i-1}$$

$$(n-1') \quad r_{n-1} \; u_{n-1} = p_{n-1} \; u_{n-2} \; .$$

Daraus folgt rekursiv sofort

$$u_k = \frac{p_k \cdots p_2}{r_k \cdots r_2} u_1 \qquad \text{für } k = 2,\ldots,n-1 \; .$$

Schließlich ist u_1 zu berechnen aus

$$(1'') \quad u_1 \left(1 - q_1 + p_1 \sum_{k=2}^{n-1} \frac{p_k \cdots p_2}{r_k \cdots r_2} \right) = p_1 \; . \qquad\qquad \underline{\text{q.e.d.}}$$

<u>8.6 Beispiele</u> (Irrfahrt mit absorbierenden Rändern).

a) Sei

$$A = \begin{pmatrix} 1 & O & O & O & & \\ p_1 & q_1 & r_1 & O & & \\ O & p_2 & q_2 & r_2 & & \\ & & & & q_{n-1} & r_{n-1} \\ & & & & p_n & q_n \end{pmatrix}$$

und alle $p_i > O$. Dann folgt mit 8.2 a) sofort

$$\lim_{k \to \infty} A^k = \begin{pmatrix} 1 & O & \cdots & O \\ 1 & O & \cdots & O \\ \vdots & \vdots & & \vdots \\ 1 & O & \cdots & O \end{pmatrix} .$$

Mit Wahrscheinlichkeit 1 landet man also schließlich in dem absorbierenden Zustand O.

b) Viel interessanter ist

120

$$A = \begin{pmatrix} 1 & 0 & 0 & 0 & & & \\ p & 0 & r & 0 & & & \\ 0 & p & 0 & r & & & \\ & & & & p & 0 & r \\ & & & & 0 & 0 & 1 \end{pmatrix}$$

vom Typ $(n+1,n+1)$ mit zwei absorbierenden Rändern. Sei $pr > 0$. Wir wenden 8.5 an:

Nun ist $p_i = p$ und $r_i = r$, also

$$u_k = \frac{p_k \cdots p_2}{r_k \cdots r_2} u_1 = \left(\frac{p}{r} \right)^{k-1} u_1 \ .$$

Dabei ist u_1 zu bestimmen aus

$$u_1 \left(1 + p \sum_{k=2}^{n-1} \left(\frac{p}{r} \right)^{k-1} \right) = p \ .$$

Fall 1: Sei zuerst $p = r = \frac{1}{2}$. Dann folgt

$$\frac{1}{2} = u_1 \left(1 + \frac{1}{2}(n-2) \right) = u_1 \frac{n}{2} \ ,$$

also $u_1 = \frac{1}{n}$ und dann $u_k = \frac{1}{n}$ für alle k und

$$s_i = \sum_{k=i}^{n-1} u_k = \frac{n-i}{n} \ .$$

Fall 2: Sei nun $p \neq r$. Wir setzen $q = \frac{p}{r}$. Dann ist

$$u_k = q^{k-1} u_1 \ ,$$

wobei u_1 zu bestimmen ist aus

$$p = u_1 \left(1 + p \sum_{k=2}^{n-1} q^{k-1} \right) = u_1 \left(1 + pq \frac{q^{n-2}-1}{q-1} \right) \ ,$$

also

$$1 = \frac{u_1}{q-1} \left(\frac{1}{r} - \frac{1}{p} + q^{n-1} - q \right) = \frac{u_1}{q-1} \left(q^{n-1} - \frac{1}{q} \right)$$

$$= \frac{u_1}{q(q-1)} (q^n - 1) \ .$$

Das liefert

$$s_i = \sum_{k=i}^{n-1} q^{k-1} u_1 = q^{i-1} \frac{q^{n-i}-1}{q-1} u_1 = \frac{q^n - q^i}{q^n - 1} \ .$$

c) Interpretation von Beispiel b) (*Spielers Ruin*):

Zwei Spieler spielen mit einem Geldvorrat von n Mark. Im einzelnen
Spiel wird um eine Mark gespielt, diese gehe mit Wahrscheinlichkeit
r > O an Spieler 1, mit Wahrscheinlichkeit p = 1-r > O an Spieler 2.
Der Zustand i (O $\leqslant$ i $\leqslant$ n) liege vor, falls Spieler 1 genau i Mark hat.
Sei etwa p > $\frac{1}{2}$ > r, also q = $\frac{p}{r}$ > 1. Spieler 2 beginne mit k Mark das
Spiel (O < k < n). Die Wahrscheinlichkeit dafür, daß Spieler 1 mit dem
Ruin, also mit O Mark, endet, ist dann

$$s_{n-k} = \frac{q^n - q^{n-k}}{q^n - 1} = \frac{q^n}{q^n - 1} \frac{q^k - 1}{q^k} > \frac{q^k - 1}{q^k} \,.$$

Dabei strebt $\frac{q^k - 1}{q^k}$ wegen q > 1 mit wachsendem k monoton gegen 1.
Ist das Anfangskapital k von Spieler 2 genügend groß, so liegt also
für alle n > k die Wahrscheinlichkeit s_{n-k} für den Ruin von Spieler 1
nahe bei 1. Ist Spieler 2 die Bank, so macht sie q = $\frac{p}{r}$ etwas größer
als 1 und beginnt mit so hohem Anfangskapital k, daß

$$s_{n-k} > \frac{q^k - 1}{q^k} > \frac{1}{2}$$

deutlich größer als $\frac{1}{2}$ ist. Ein hohes Anfangskapital n-k von Spieler 1
ist dagegen keine wirksame Waffe mehr.

Die Konvergenzgeschwindigkeit wird durch den größten Eigenwert der
Matrix

$$D = \begin{pmatrix} O & r & O & & \\ p & O & r & & \\ & & p & O & r \\ & & O & p & O \end{pmatrix}$$

vom Typ (n-1,n-1) bestimmt. Die Eigenwerte von D sind jedoch wegen 5.1
die Eigenwerte von

$$sB = \begin{pmatrix} O & s & O & & \\ s & O & s & & \\ & & s & O & s \\ & & O & s & O \end{pmatrix}$$

mit s = $\sqrt{pr}$. Wir zeigen nun

$$Bv_j = 2 \cos \frac{\pi}{n} j \, v_j$$

mit

$$v_j = \begin{pmatrix} \sin \frac{\pi}{n} j \\ \sin \frac{\pi}{n} 2j \\ \vdots \\ \sin \frac{\pi}{n} (n-1)j \end{pmatrix}$$

für $j = 1,\ldots,n-1$. Zu zeigen ist also

$$\sin \tfrac{\pi}{n} (k-1)j + \sin \tfrac{\pi}{n} (k+1)j = 2 \cos \tfrac{\pi}{n} j \sin \tfrac{\pi}{n} kj$$

für $j,k = 1,\ldots,n-1$. Dies folgt aber aus

$$2 \cos \alpha \sin k\alpha = (e^{i\alpha} + e^{-i\alpha}) \frac{e^{ik\alpha} - e^{-ik\alpha}}{2i}$$

$$= \frac{e^{i(k+1)\alpha} - e^{-i(k+1)\alpha}}{2i} + \frac{e^{i(k-1)\alpha} - e^{-i(k-1)\alpha}}{2i}$$

$$= \sin (k+1)\alpha + \sin (k-1)\alpha \ .$$

Die Eigenwerte von D sind somit $a_j = 2 \sqrt{pr} \cos \tfrac{\pi}{n} j$ mit $j = 1,\ldots,n-1$. Offenbar gilt

$$2 \sqrt{pr} > a_1 > a_2 > \cdots > a_{n-1} \ .$$

Liegt p nahe bei $\tfrac{1}{2}$ und ist n groß (eine realistische Annahme in c)), so liegt also a_1 nahe bei 1, und wir haben eine sehr langsame Konvergenz.

8.7 Beispiel. Zwei Spieler besitzen zusammen $n \geqslant 2$ Karten mit den Ziffern $1,\ldots,n$ darauf. Beim Elementarprozeß werde zufällig eine Zahl i mit $1 \leqslant i \leqslant n$ gewählt, jede mit derselben Wahrscheinlichkeit $\tfrac{1}{n}$, und dann wechsele die Karte i ihren Besitzer. (Für $n = 6$ kann man dieses Spiel mit Hilfe eines Würfels leicht ausführen.) Hat einer der Spieler alle Karten, so ende das Spiel. Der Zustand i ($0 \leqslant i \leqslant n$) liege vor, wenn Spieler 1 genau i Karten hat. Die Übergangsmatrix ist dann

$$A = \begin{pmatrix} 1 & O & O & O & & & \\ \frac{1}{n} & O & \frac{n-1}{n} & O & & & \\ O & \frac{2}{n} & O & \frac{n-2}{n} & & & \\ & & & & \frac{n-1}{n} & O & \frac{1}{n} \\ & & & & O & O & 1 \end{pmatrix} \ .$$

Nach 8.5 gilt

$$\lim_{k \to \infty} A^k = \begin{pmatrix} 1 & & & & O \\ s_1 & & & & 1-s_1 \\ \vdots & & O & & \vdots \\ s_{n-1} & & & & 1-s_{n-1} \\ O & & & & 1 \end{pmatrix}$$

mit

$$s_i = u_1 \sum_{k=i}^{n-1} \frac{k(k-1) \cdots 2}{(n-k) \cdots (n-2)} = u_1 (n-1) \sum_{k=i}^{n-1} \binom{n-1}{k}^{-1} \ .$$

Dabei ist u_1 zu bestimmen aus

$$u_1 \left(1 + \frac{n-1}{n} \sum_{k=2}^{n-1} \binom{n-1}{k}^{-1} \right) = \frac{1}{n} \, ,$$

also aus

$$1 = u_1 \, (n-1) \left(\frac{n}{n-1} + \sum_{k=2}^{n-1} \binom{n-1}{k}^{-1} \right) = u_1 \, (n-1) \sum_{k=0}^{n-1} \binom{n-1}{k}^{-1} \, .$$

Somit folgt

$$s_i = \frac{\displaystyle\sum_{k=i}^{n-1} \binom{n-1}{k}^{-1}}{\displaystyle\sum_{k=0}^{n-1} \binom{n-1}{k}^{-1}} \, .$$

Guten Einblick in den Prozeß liefert die folgende Abschätzung:

Da die Binomialkoeffizienten $\binom{n-1}{k}$ bekanntlich im Bereich $0 \leqslant k \leqslant \frac{n-1}{2}$ monoton steigen und in $\frac{n-1}{2} \leqslant k \leqslant n-1$ monoton fallen, hat man für $n \geqslant 4$

$$\sum_{k=0}^{n-1} \binom{n-1}{k}^{-1} \leqslant 2 + 2 \binom{n-1}{1}^{-1} + \binom{n-1}{2}^{-1} (n-4)$$

$$= 2 + \frac{4\,(n-3)}{(n-1)\,(n-2)} < 2 + \frac{4}{n} \, .$$

Für $\frac{n-1}{2} \leqslant i \leqslant n-1$ gilt daher

$$s_i = \frac{\displaystyle\sum_{k=i}^{n-1} \binom{n-1}{k}^{-1}}{\displaystyle\sum_{k=0}^{n-1} \binom{n-1}{k}^{-1}} > \frac{1}{2} \, \frac{n}{n+2}$$

und

$$s_i \leqslant \frac{\displaystyle\sum_{k=[\frac{n-1}{2}]}^{n-1} \binom{n-1}{k}^{-1}}{\displaystyle\sum_{k=0}^{n-1} \binom{n-1}{k}^{-1}} \leqslant \frac{1}{2} \, .$$

Das liefert für $\frac{n-1}{2} \leqslant i \leqslant n-1$ die Abschätzung

$$\frac{1}{2} \, \frac{n}{n+2} < s_i \leqslant \frac{1}{2} \, .$$

Somit liegen für große n alle s_i mit $\frac{n-1}{2} \leqslant i \leqslant n-1$ sehr dicht unterhalb von $\frac{1}{2}$. Wegen $s_i = 1 - s_{n-i}$ gilt Entsprechendes für die s_i mit $1 \leqslant i \leqslant \frac{n-1}{2}$.

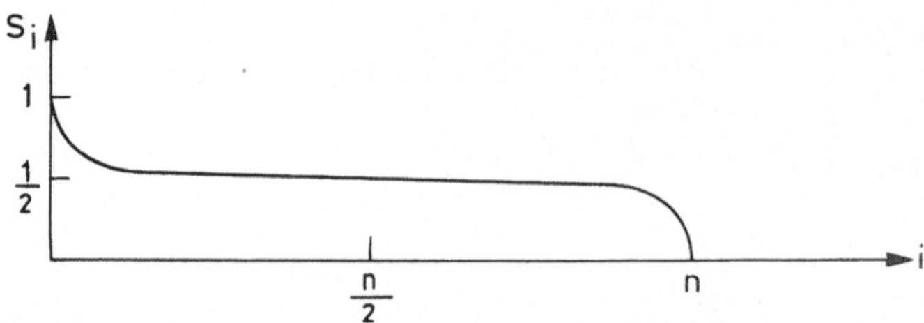

Selbst mit sehr wenigen Karten bei Spielbeginn hat ein Spieler also immer noch eine Gewinnaussicht sehr nahe bei $\frac{1}{2}$.

8.8 Beispiel. Wir betrachten folgendes Labyrinth aus 2n+2 Kammern:

Die vier Kammern $0, 0', n, n'$ seien absorbierend, und die Maus verlasse im Elementarprozeß stets die anderen Kammern und wähle jede verfügbare Tür mit der Wahrscheinlichkeit $\frac{1}{3}$. Nach 8.2 a) gilt

$$\lim_{k \to \infty} A^k = \begin{pmatrix} * & * & & a_0 & * \\ * & * & & b_0 & * \\ * & * & & a_1 & * \\ \vdots & \vdots & \mathbf{0} & \vdots & \vdots \\ * & * & & a_n & * \\ * & * & & b_n & * \end{pmatrix} = P \ .$$

Dabei ist

a_i die Wahrscheinlichkeit dafür, von Kammer i aus schließlich in der Kammer n zu landen (also $a_0 = 0$ und $a_n = 1$)

und

b_i die Wahrscheinlichkeit dafür, von Kammer i' aus schließlich in der Kammer n zu landen (also $b_0 = b_n = 0$).

Kennt man die a_i, b_i, so kennt man aus offenbaren Symmetriegründen auch die Wahrscheinlichkeiten für Absorption in $0, 0'$ und n'.

Die Gleichung $P = AP$ liefert nun

$$3a_i = a_{i-1} + a_{i+1} + b_i$$
$$3b_i = b_{i-1} + b_{i+1} + a_i$$
$$\text{für } 1 \leq i \leq n-1 \ .$$

Wir setzen $c_i = a_i + b_i$. Dann folgt

$$2c_i = c_{i-1} + c_{i+1} \qquad \text{mit } c_0 = 0, \ c_n = 1.$$

Das liefert $c_i = \frac{i}{n}$. Also erhält man

$$3a_i = a_{i-1} + a_{i+1} + \frac{i}{n} - a_i \ ,$$

somit

$$4a_i = a_{i-1} + a_{i+1} + \frac{i}{n}.$$

Setzen wir $x_i = a_i - \frac{i}{2n}$, so ergibt sich

$$(1) \qquad 4x_i = 4a_i - \frac{2i}{n} = a_{i-1} + a_{i+1} - \frac{i}{n}$$

$$= (a_{i-1} - \frac{i-1}{2n}) + (a_{i+1} - \frac{i+1}{2n}) = x_{i-1} + x_{i+1} \ .$$

Dabei ist $x_0 = 0$ und $x_n = \frac{1}{2}$. Wir wenden 7.7 zur Berechnung der x_i an:
Nun ist

$$f = 1 - 4t + t^2 = (1 - ut)(1 - vt)$$

mit $u = 2 + \sqrt{3} = 3{,}732 \ldots$ und $v = 2 - \sqrt{3} = 0{,}268 \ldots$. Mit 7.7 a)
folgt für $i \geqslant 1$

$$x_i = \frac{x_1}{2\sqrt{3}} (u^i - v^i) \ .$$

Dabei ist

$$\frac{1}{2} = x_n = \frac{x_1}{2\sqrt{3}} (u^n - v^n) \ .$$

Das liefert schließlich

$$x_1 = \frac{\sqrt{3}}{u^n - v^n}$$

und für $i \geqslant 1$ sodann

$$x_i = \frac{u^i - v^i}{2(u^n - v^n)} \ .$$

Also ist für $i \geqslant 1$

$$a_i = x_i + \frac{i}{2n} = \frac{i}{2n} + \frac{u^i - v^i}{2(u^n - v^n)}$$

und

$$b_i = c_i - a_i = \frac{i}{2n} - \frac{u^i - v^i}{2(u^n - v^n)} \ .$$

126

Da die Funktion f mit

$$f(x) = \frac{u^x - v^x}{2(u^n - v^n)}$$

in $0 \leqslant x \leqslant n$ monoton steigt, steigt a_i mit wachsendem i monoton von
O bis 1.

Um auch das Verhalten der b_i zu beschreiben, setzen wir

$$b(x) = \frac{x}{2n} - \frac{u^x - v^x}{2(u^n - v^n)} \, .$$

Wegen $uv = 1$ ist $\log v = - \log u$. Daher folgt

$$b'(x) = \frac{1}{2n} - \log u \, \frac{u^x + v^x}{2(u^n - v^n)}$$

und

$$b''(x) = -(\log u)^2 \, \frac{u^x - v^x}{2(u^n - v^n)} \, .$$

Für $x > 0$ ist wegen

$$u = 2 + \sqrt{3} > 2 - \sqrt{3} = v$$

sicher $b''(x) < 0$. Also ist b in $[0,n]$ eine konvexe Funktion. Wegen
$b(0) = b(n) = 0$ hat b in $[0,n]$ genau ein nichtnegatives Maximum $b(y)$,
wobei y aus $b'(y) = 0$ zu bestimmen ist. Das ergibt

$$u^y + u^{-y} = \frac{u^n - u^{-n}}{n \log u} \, .$$

Das liefert einerseits

$$u^y < \frac{u^n}{n \log u} \, ,$$

andererseits

$$u^y = \frac{u^n}{n \log u} \, \frac{1 - u^{-2n}}{1 + u^{-2y}} \geqslant \frac{u^n}{n \log u} \, \frac{1 - u^{-2}}{1 + u^{-2}}$$

$$= \frac{u^n}{n \log u} \, \frac{u^2 - 1}{u^2 + 1} = \frac{u^n}{n \log u} \, \frac{u^2 - uv}{u^2 + uv} = \frac{u^n}{n \log u} \, \frac{\sqrt{3}}{2} \, .$$

Also ist

$$n \log u - \log n - \log \log u + \log \frac{\sqrt{3}}{2} \leqslant y \log u \leqslant$$

$$\leqslant n \log u - \log n - \log \log u,$$

daher

$$n - \frac{\log n}{\log u} - \frac{\log \log u}{\log u} + \frac{\log(\sqrt{3}/2)}{\log u} \leqslant y \leqslant n - \frac{\log n}{\log u} - \frac{\log \log u}{\log u} \ .$$

Dabei ist

$$\frac{\log \log u}{\log u} = 0,209 \ldots \qquad \text{und} \quad \frac{\log \sqrt{3}/2}{\log u} = - 0,109 \ldots \ .$$

Das Maximum von b_i liegt also ganz nahe bei

$$i = n - \frac{\log n}{\log u} = n - 0,759 \log n \ .$$

Zum Beispiel wird für $n = 100$ das Maximum von b_i in $i = 96$ angenommen und hat den Wert $0,477 \ldots$.

<u>A u f g a b e n</u>

<u>35</u>) Man bestimme alle Eigenwerte der Übergangsmatrizen aus 8.4 a) und b).

<u>36</u>) Man behandle den zu 8.4 c) analogen Prozeß, bei dem im Elementarvorgang jede Zelle ver-k-facht wird.

<u>37</u>) Sei A die stochastische Matrix vom Typ (n+1,n+1) mit

$$a_{ij} = \binom{n}{j} \left(\frac{i}{n}\right)^{j} (1 - \frac{i}{n})^{n-j} \qquad \text{für } 0 \leqslant i,j \leqslant n \ .$$

Man beweise

$$\lim_{k \to \infty} A^k = \begin{pmatrix} 1 & & 0 \\ \frac{n-1}{n} & & \frac{1}{n} \\ \frac{n-2}{n} & & \frac{2}{n} \\ \vdots & \mathbf{0} & \vdots \\ \frac{1}{n} & & \frac{n-1}{n} \\ 0 & & 1 \end{pmatrix} \ .$$

(Man verwende dazu $Aw = w$ für

$$w = \begin{pmatrix} 0 \\ 1 \\ 2 \\ \vdots \\ n \end{pmatrix} \ .)$$

<u>38</u>) Zu dem Labyrinth

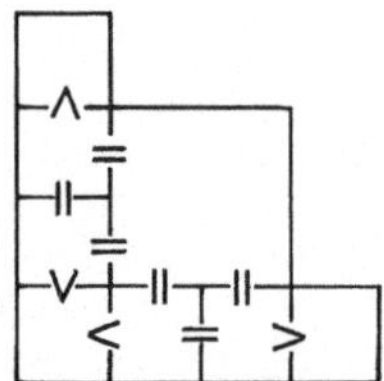

stelle man die Übergangsmatrix A auf und berechne $\lim\limits_{k \to \infty} A^k$.

<u>39</u>) Man behandle das Labyrinth

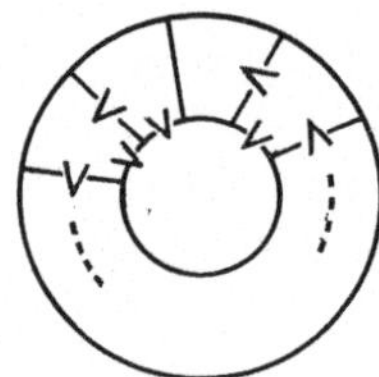

aus n+1 Kammern.

<u>40</u>) Man behandle das Labyrinth

Man stelle zuerst die Übergangsmatrix A auf und überlege sich, daß

$$\lim_{k \to \infty} A^k = \begin{pmatrix} E & O \\ S & O \end{pmatrix}$$

mit einer Matrix S vom Typ (12,4) gilt. Unter Ausnutzung der Symmetrien des Quadrates zeige man: Die Zeilen 2 bis 8 von S entstehen aus Zeile 1 durch geeignete Permutationen; die Zeile 9 von S hat die Gestalt (a,b,b,c,); die Zeilen 10 bis 12 entstehen daraus ebenfalls durch geeignete Permutationen. Man bestimme die 7 verbleibenden Größen aus linearen Gleichungen.

<u>41</u>) Mit Hilfe von 7.7 behandle man das Labyrinth

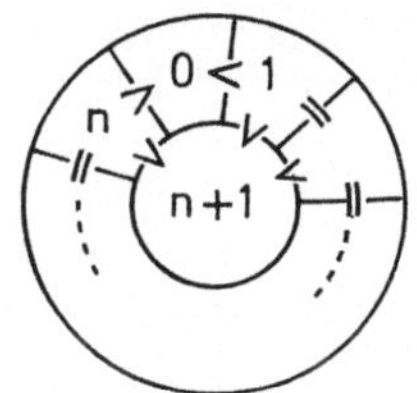

aus n+2 Kammern.

<u>42</u>) Sei

$$
A = \begin{pmatrix}
1 & O & O & O & & & \\
\dfrac{n-1}{n} & O & \dfrac{1}{n} & O & & & \\
O & \dfrac{n-2}{n} & O & \dfrac{1}{n} & & & \\
& & & & \dfrac{1}{n} & O & \dfrac{n-1}{n} \\
& & & & O & O & 1
\end{pmatrix}
$$

vom Typ (n+1,n+1). Man beweise

$$
\lim_{k \to \infty} A^k = \begin{pmatrix}
1 & & O \\
p_1 & & q_1 \\
\vdots & O & \vdots \\
p_{n-1} & & q_{n-1} \\
O & & 1
\end{pmatrix}
$$

mit $q_i = 2^{1-n} \displaystyle\sum_{j=0}^{i-1} \binom{n-1}{j}$, und zwar

a) mit Hilfe von 8.5,

b) unter Verwendung von $Aw = w$ für

$$
w = \begin{pmatrix} w_0 \\ w_1 \\ \vdots \\ w_n \end{pmatrix}
$$

mit $w_0 = O$ und $w_i = \displaystyle\sum_{j=0}^{i-1} \binom{n-1}{j}$ für $i \geqslant 1$.

<u>43</u>) Wir betrachten ein sternförmiges Labyrinth, bei dem von einer zentralen Kammer O genau n Gänge der Längen $l_1,\dots,l_n$ ausgehen ($l_i > O$). Zum Beispiel ist für $l_i = 3,4,6$ das Labyrinth von der Gestalt:

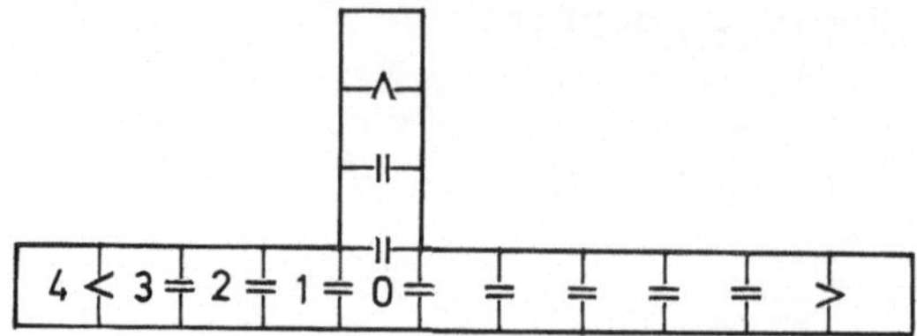

Die Maus wähle in Kammer O den Gang i mit Wahrscheinlichkeit p_i. Innerhalb der Gänge wähle sie jeweils beide verfügbaren Türen mit Wahrscheinlichkeit $\frac{1}{2}$. Die Endkammern aller Gänge seien absorbierend. Sei $b_{ij}^{(k)}$ die Wahrscheinlichkeit dafür, von Kammer j im Gange i aus schließlich in der Endkammer von Gang k gefangen zu werden. Man beweise:

a) $$b_{ij}^{(k)} = \frac{1}{2}\,(b_{i,j-1}^{(k)} + b_{i,j+1}^{(k)}) \qquad \text{für } 0 < j < l_i$$

und $b_{i,l_i}^{(k)} = \delta_{ik}$.

b) Mit $b_O^{(k)} = b_{iO}^{(k)}$ gilt $b_{ij}^{(k)} = \dfrac{(l_i - j)\,b_O^{(k)} + j\,\delta_{ik}}{l_i}$

für $1 \le i \le n$ und $1 \le j < l_i$.

c) $$b_O^{(k)} = \frac{\dfrac{p_k}{l_k}}{\displaystyle\sum_{i=1}^{n} \frac{p_i}{l_i}}\;.$$

§ 9 Übergangszeiten

<u>9.1 Definition.</u> Sei A eine stochastische Matrix vom Typ (n,n). Seien
i und j Zustände, und j sei von i aus erreichbar. (Auch i = j ist zugelassen.) Die Wahrscheinlichkeit dafür, vom Zustande i aus in k Schritten
nach j zu gelangen, ohne unterwegs j zu durchlaufen, ist dann

$$p_{ij}^{(k)} = \sum_{r_s \neq j} a_{i,r_1} \, a_{r_1,r_2} \cdots a_{r_{k-1},j} \; ,$$

wobei über alle $(r_1,\ldots,r_{k-1})$ mit $r_s \neq j$ für alle $s = 1,\ldots,k-1$ zu
summieren ist. Es liegt nahe, den Mittelwert

$$t_{ij} = \sum_{k=1}^{\infty} k \, p_{ij}^{(k)}$$

– sofern er existiert – als *mittlere Übergangszeit* von i nach j zu definieren.

Wir werden zeigen, daß unter geeigneten Voraussetzungen die mittleren
Übergangszeiten existieren, und wir werden ein Verfahren zu ihrer Berechnung angeben. Dazu beweisen wir zuerst einen Hilfssatz.

<u>9.2 Hilfssatz.</u> *Sei B eine stochastische Matrix der Gestalt*

$$B = \begin{pmatrix} 1 & O \\ C & D \end{pmatrix} .$$

*Dabei sei der absorbierende Zustand 1 von jedem anderen Zustand aus erreichbar.
Dann gilt*

$$\lim_{k \to \infty} \sum_{i=1}^{k} i \, (B^i - B^{i-1}) = \begin{pmatrix} O & O \\ (E-D)^{-1}e & -(E-D)^{-1} \end{pmatrix} ,$$

wobei

$$e = \begin{pmatrix} 1 \\ \vdots \\ 1 \end{pmatrix}$$

der Spaltenvektor mit n–1 Einträgen 1 ist.

<u>Beweis.</u> Es gilt

$$\sum_{i=1}^{k} i\,(B^i - B^{i-1}) = -\,(E + B + \ldots + B^{k-1}) + kB^k \ .$$

Wegen

$$B^i = \begin{pmatrix} 1 & O \\ * & D^i \end{pmatrix}$$

ist dabei

$$\sum_{i=1}^{k} i\,(B^i - B^{i-1}) = \begin{pmatrix} O & O \\ F_k & G_k \end{pmatrix}$$

mit

$$G_k = -\,E - D - \ldots - D^{k-1} + kD^k \ .$$

Nach 3.9 sind alle Eigenwerte von D dem Betrage nach kleiner als 1. Daher gilt nach 3.2 $\lim_{k \to \infty} kD^k = O$. Somit folgt aus

$$G_k(E-D) = -\,E - D - \ldots - D^{k-1} + kD^k$$
$$+ D + \ldots + D^{k-1} + D^k - kD^{k+1}$$
$$= -\,E + (k+1)D^k - kD^{k+1}$$

dann

$$\lim_{k \to \infty} G_k = -(E-D)^{-1} \ .$$

Da für jedes k alle Zeilensummen der Matrix

$$\begin{pmatrix} O & O \\ F_k & G_k \end{pmatrix}$$

gleich Null sind und F_k den Typ $(n-1,1)$ hat, existiert auch $\lim_{k \to \infty} F_k$ und es gilt

$$\lim_{k \to \infty} F_k = (E-D)^{-1} e \ . \hspace{4cm} \underline{\text{q.e.d.}}$$

<u>9.3 Satz.</u> *Sei $A = (a_{ij})$ eine stochastische Matrix vom Typ (n,n). Der Zustand j sei von jedem Zustand aus erreichbar.*

  a) *Dann existieren die mittleren Übergangszeiten*

$$t_{ij} = \sum_{k=1}^{\infty} k\, p_{ij}^{(k)} \qquad \text{für } i = 1,\ldots,n \ .$$

b) 1 *ist einfacher Eigenwert von* A.

c) *Ist* $z = (z_1, \ldots, z_n)$ *der eindeutig bestimmte Vektor mit* $zA = z$ *und* $\sum_{i=1}^{n} z_i = 1$, *so gilt*

$$t_{jj} = \frac{1}{z_j}$$

und

$$t_{ij} = 1 + \sum_{\substack{k=1 \\ k \neq j}}^{n} a_{ik}\, t_{kj} \qquad\qquad (i = 1, \ldots, n) \ .$$

Durch dieses lineare Gleichungssystem und die Bedingung $t_{jj} = \frac{1}{z_j}$ *sind die* t_{ij} *eindeutig bestimmt.*

<u>Beweis</u>. a) Wir numerieren die Zustände so, daß $j = 1$ gilt, und definieren eine stochastische Matrix $B = (b_{is})$ durch

$$b_{is} = \begin{cases} \delta_{1s} & \text{für } i = 1 \\[2mm] a_{is} & \text{für } i > 1 \ . \end{cases}$$

Dann hat B die Gestalt

$$B = \begin{pmatrix} 1 & O \\ C & D \end{pmatrix} ,$$

und nach Voraussetzung ist 1 (bezüglich B) von jedem anderen Zustand aus erreichbar. Setzen wir wie üblich $B^k = (b_{is}^{(k)})$, so folgt für $i > 1$

$$b_{i1}^{(k)} = \sum_{r_s} b_{i,r_1}\, b_{r_1,r_2} \cdots b_{r_{k-1},1}$$

$$= a_{i1} + \sum_{r_1 \neq 1} a_{i,r_1}\, a_{r_1,1} + \ldots + \sum_{r_s \neq 1} a_{i,r_1}\, a_{r_1,r_2} \cdots a_{r_{k-1},1} .$$

Das liefert

$$b_{i1}^{(k)} = \sum_{m=1}^{k} p_{i1}^{(m)} \qquad \text{und} \quad p_{i1}^{(k)} = b_{i1}^{(k)} - b_{i1}^{(k-1)} \ .$$

Daher ist $\sum_{k=1}^{m} k\, p_{i1}^{(k)}$ der $(i,1)$-Koeffizient der Matrix $\sum_{k=1}^{m} k(B^k - B^{k-1})$.
Also gilt nach 9.2

$$\begin{pmatrix} t_{21} \\ \vdots \\ t_{n1} \end{pmatrix} = (E-D)^{-1} e \ .$$

134

Damit ist die Existenz von $t_{i1} = \sum\limits_{k=1}^{\infty} k\, p_{i1}^{(k)}$ für $i > 1$ gezeigt.

Ganz allgemein gilt für $k > 1$ und alle i

$$p_{i1}^{(k)} = \sum\limits_{r \neq 1} a_{ir}\, p_{r1}^{(k-1)} \ .$$

Wegen 8.2 a) folgt $\lim\limits_{m \to \infty} \sum\limits_{k=1}^{m} p_{i1}^{(k)} = \lim\limits_{m \to \infty} b_{i1}^{(m)} = 1$. Es ist

$$\sum\limits_{k=1}^{m} k\, p_{i1}^{(k)} = a_{i1} + \sum\limits_{r \neq 1} a_{ir} \sum\limits_{k=2}^{m} k\, p_{r1}^{(k-1)}$$

$$= a_{i1} + \sum\limits_{r \neq 1} a_{ir} \sum\limits_{k=2}^{m} p_{r1}^{(k-1)} + \sum\limits_{r \neq 1} a_{ir} \sum\limits_{k=2}^{m} (k-1)\, p_{r1}^{(k-1)}$$

und somit

$$\lim\limits_{m \to \infty} \sum\limits_{k=1}^{m} k\, p_{i1}^{(k)} = a_{i1} + \sum\limits_{r \neq 1} a_{ir} + \sum\limits_{r \neq 1} a_{ir}\, t_{r1}$$

$$= 1 + \sum\limits_{r \neq 1} a_{ir}\, t_{r1} \ .$$

Also existiert auch t_{11}. Wir haben damit gleichzeitig die Gleichung

$$t_{i1} = 1 + \sum\limits_{k=2}^{n} a_{ik}\, t_{k1}$$

aus c) bewiesen.

b) Nach 3.10 hat A bei geeigneter Numerierung der Zustände die Gestalt

$$A = \left(
\begin{array}{cc|c}
B_1 \cdot \quad O & & \\
\quad \cdot \cdot & & O \\
O \quad \cdot B_m & & \\
\hline
& D_m \cdot \ O & \\
& \quad \cdot \cdot & \\
* & * \quad \cdot D_1 &
\end{array}
\right)
\begin{array}{l}
\} \ B_1 \\
\\
\} \ B_m
\end{array}$$

wobei die B_i unzerlegbare stochastische Matrizen sind und jedes D_i nur Eigenwerte vom Betrage kleiner als 1 hat. Nach Voraussetzung ist j von jedem Zustand aus erreichbar. Da von der Zustandsgruppe B_i aus nur Zustände in B_i erreichbar sind, erzwingt das $j \in B_1$ und $m = 1$. Nach 3.10 ist daher 1 einfacher Eigenwert von A.

c) Wir setzen

$$t(j) = \begin{pmatrix} t_{1j} \\ \vdots \\ t_{nj} \end{pmatrix}, \quad e = \begin{pmatrix} 1 \\ \vdots \\ 1 \end{pmatrix} \quad \text{und} \quad e_j = \begin{pmatrix} 0 \\ \vdots \\ 1 \\ \vdots \\ 0 \end{pmatrix} \quad (1 \text{ an der Stelle } j) .$$

Dann können wir die in a) bereits bewiesenen Gleichungen zusammenfassen zu

$$t(j) = e + A(t(j) - t_{jj} e_j) .$$

Die Multiplikation mit dem Zeilenvektor z ergibt

$$z\, t(j) = ze + (zA)(t(j) - t_{jj} e_j) = 1 + z(t(j) - t_{jj} e_j) .$$

Also ist

$$0 = 1 - t_{jj} (ze_j) = 1 - t_{jj}\, z_j .$$

Daraus folgt $z_j \neq 0$ und $t_{jj} = \dfrac{1}{z_j}$.

Seien schließlich t und t' Spaltenvektoren mit $t_j = t'_j = \dfrac{1}{z_j}$ und

$$t = e + A(t - \frac{1}{z_j} e_j)$$

$$t' = e + A(t' - \frac{1}{z_j} e_j) .$$

Dann ist

$$t - t' = A(t - t') .$$

Da 1 einfacher Eigenwert von A ist, folgt

$$t - t' = \begin{pmatrix} c \\ \vdots \\ c \end{pmatrix}$$

und wegen $t_j = t'_j$ dann $t = t'$. q.e.d.

<u>9.4 Beispiele.</u> a) Sei

$$A = \begin{pmatrix} 1-p & p \\ q & 1-q \end{pmatrix}$$

stochastisch mit $q > 0$. Dann ist der Zustand 1 von allen Zuständen aus erreichbar. Der Vektor z mit $zA = z$ und $z_1 + z_2 = 1$ hat nach 3.8 a) die Gestalt

$$z = \left(\frac{q}{p+q} , \quad \frac{p}{p+q} \right) .$$

136

Mit 9.3 folgt

$$t_{11} = \frac{1}{z_1} = \frac{p+q}{q}$$

und

$$t_{21} = 1 + (1-q)t_{21} \ .$$

Das liefert $t_{21} = \frac{1}{q}$. Ist $p > 0$, so erhält man analog $t_{12} = \frac{1}{p}$ und $t_{22} = \frac{p+q}{p}$.

b) Sei A die stochastische Matrix

$$A = \begin{pmatrix} a & b & \cdots & b \\ b & a & \cdots & b \\ \vdots & \vdots & & \vdots \\ b & b & \cdots & a \end{pmatrix}$$

aus 1.6 a) mit $n \geqslant 2$ und $b > 0$. Dann ist der Vektor z mit $zA = z$ und $\sum_{i=1}^{n} z_i = 1$ eindeutig bestimmt zu

$$z = (\tfrac{1}{n}, \ldots, \tfrac{1}{n}) \ .$$

Mit 9.3 folgt $t_{jj} = n$ für $j = 1, \ldots, n$. Ferner ist für $i \neq j$

$$t_{ij} = 1 + \sum_{k \neq j} a_{ik} \, t_{kj} \ .$$

Aus Symmetriegründen sind alle t_{ij} mit $i \neq j$ gleich. Also ist

$$t_{ij} = 1 + (1-b)t_{ij}$$

und somit $t_{ij} = \frac{1}{b}$ für $i \neq j$.

9.5 Beispiel. a) Sei

$$A = \begin{pmatrix} p_1 & q_1 & 0 & 0 & & & \\ 0 & p_2 & q_2 & 0 & & & \\ 0 & 0 & p_3 & q_3 & & & \\ & & & & 0 & p_{n-1} & q_{n-1} \\ & & & & 0 & 0 & 1 \end{pmatrix}$$

stochastisch mit $q_i > 0$ für $i = 1, \ldots, n-1$. Dann ist A sehr gut und

$$\lim_{k \to \infty} A^k = \begin{pmatrix} 0 & \cdots & 0 & 1 \\ \vdots & & \vdots & \vdots \\ 0 & \cdots & 0 & 1 \end{pmatrix} \ .$$

Nach 9.3 c) gilt $t_{nn} = \dfrac{1}{z_n} = 1$ und

$$t_{i,n} = 1 + p_i\, t_{i,n} + q_i\, t_{i+1,n} \qquad (\text{für } 1 \leqslant i \leqslant n-2)$$

$$t_{n-1,n} = 1 + p_{n-1}\, t_{n-1,n} \;.$$

Daraus ergibt sich

$$q_i\, t_{i,n} = 1 + q_i\, t_{i+1,n} \qquad (1 \leqslant i \leqslant n-2)$$

$$q_{n-1}\, t_{n-1,n} = 1 \;.$$

Somit folgt

$$t_{i,n} = \sum_{k=i}^{n-1} \frac{1}{q_k} \qquad\qquad \text{für } 1 \leqslant i \leqslant n-1 \;.$$

b) Wir wenden a) auf das Beispiel 3.3 einer Krankheitsausbreitung an und wollen annehmen, daß mindestens eine Person krank ist. Es ist

$$\frac{1}{q_k} = \frac{n(n-1)}{2p}\,\frac{1}{k(n-k)} = \frac{n-1}{2p}\left(\frac{1}{k} + \frac{1}{n-k}\right)\;.$$

Wir berechnen die mittlere Dauer $t_{1,n}$ vom Auftreten des ersten Krankheitsfalles bis zur Erkrankung der ganzen Gemeinschaft:

Nach a) gilt

$$t_{1,n} = \frac{n-1}{2p}\,2\sum_{k=1}^{n-1}\frac{1}{k} = \frac{n-1}{p}\sum_{k=1}^{n-1}\frac{1}{k}\;.$$

Nun gilt

$$\log n = \int_1^n \frac{dx}{x} < \sum_{k=1}^{n-1}\frac{1}{k} = 1 + \sum_{k=2}^{n-1}\frac{1}{k} < 1 + \int_1^{n-1}\frac{dx}{x} < 1 + \log n \;.$$

Somit erhalten wir die Abschätzung

$$\frac{(n-1)\,\log n}{p} < t_{1,n} < \frac{(n-1)(1 + \log n)}{p}\;.$$

9.6 Bemerkung. Gibt es in einem Prozeß mehrere absorbierende Zustände, so sind die mittleren Übergangszeiten in einen bestimmten Zustand nicht definiert. Da in der Praxis aber meist nur die Zeit interessant ist, die bis zur Absorption in irgendeinen absorbierenden Zustand gebraucht wird, kann man sämtliche absorbierenden Zustände zu einem zusammenfassen (siehe 2.7) und die Übergangszeiten für den so erhaltenen Prozeß berechnen. Wir werden in den folgenden Beispielen mehrfach so verfahren.

9.7 Beispiel (*Irrfahrt mit absorbierenden Rändern*).

a) Wir betrachten Beispiel 8.5, aber mit der Modifikation, daß wir

die beiden absorbierenden Zustände zu einem verschmelzen. Wir haben
dann die Übergangsmatrix

$$
A = \begin{pmatrix}
q_1 & r_1 & 0 & \cdots & 0 & p_1 \\
p_2 & q_2 & r_2 & \cdots & 0 & 0 \\
\vdots & \vdots & \vdots & & \vdots & \vdots \\
0 & 0 & 0 & \cdots & q_{n-1} & r_{n-1} \\
0 & 0 & 0 & \cdots & 0 & 1
\end{pmatrix} .
$$

Dann gilt $t_{nn} = 1$. Setzen wir $t_i = t_{i,n}$ für $1 \leqslant i \leqslant n-1$, so ist
nach 9.3 c)

$$
t_1 = 1 + q_1 t_1 + r_1 t_2
$$

$$
t_i = 1 + p_i t_{i-1} + q_i t_i + r_i t_{i+1} \qquad \text{für } 2 \leqslant i \leqslant n-2
$$

$$
t_{n-1} = 1 + p_{n-1} t_{n-2} + q_{n-1} t_{n-1} .
$$

Definieren wir aus rechentechnischen Gründen noch $t_0 = t_n = 0$, so gilt

$$
t_i (p_i + r_i) = t_{i-1} p_i + t_{i+1} r_i + 1 \qquad (1 \leqslant i \leqslant n-1) ,
$$

also

$$
(t_i - t_{i-1}) p_i = 1 + (t_{i+1} - t_i) r_i \qquad (1 \leqslant i \leqslant n-1) .
$$

Wir setzen $u_i = t_i - t_{i-1}$ $(1 \leqslant i \leqslant n)$. Dann erhalten wir das Gleichungssystem

$$
(1) \qquad u_i p_i = 1 + u_{i+1} r_i \qquad\qquad\qquad (1 \leqslant i \leqslant n-1)
$$

$$
\text{und } \sum_{i=1}^{n} u_i = t_n - t_0 = 0 .
$$

(Ein ähnliches Gleichungssystem hatten wir zur Bestimmung des Grenzwertes in 8.5 zu lösen.)

Wir betrachten einige Spezialfälle:

b) Sei $r_1 = r_2 = \ldots = r_{n-1} = r \geqslant 0$ und $p_1 = p_2 = \ldots = p_{n-1} = p > 0$.
Wir setzen $x = \dfrac{r}{p}$. Dann gilt

$$
u_i = \frac{1}{p} + x\, u_{i+1} \qquad\qquad \text{für } 1 \leqslant i \leqslant n-1
$$

und

$$
-u_n = \sum_{i=1}^{n-1} u_i = \frac{n-1}{p} + x \sum_{i=2}^{n} u_i = \frac{n-1}{p} - x\, u_1 .
$$

(i) Für $p = r$, also $x = 1$, sieht man sofort

$$
u_i = \frac{n-i}{p} + u_n
$$

und

$$O = \sum_{i=1}^{n} u_i = \frac{n(n-1)}{2p} + nu_n \, , \qquad \text{also } u_n = - \frac{n-1}{2p} \, .$$

Somit ist

$$u_i = \frac{n-2i+1}{2p} \qquad\qquad \text{für } 1 \leq i \leq n \, ,$$

also

$$t_i = i \, \frac{n+1}{2p} - \frac{i(i+1)}{2p} = \frac{i(n-i)}{2p} \, .$$

(ii) Für $x \neq 1$ machen wir das Gleichungssystem für die u_i homogen. Dazu setzen wir $v_i = u_i - y$ und versuchen y so zu wählen, daß $v_i = x \, v_{i+1}$ gilt. Das erfordert

$$u_i - y = x(u_{i+1} - y) = u_i - \frac{1}{p} - xy \, ,$$

also

$$y = \frac{1}{p(1-x)} = \frac{1}{p-r} \, .$$

Somit ist

$$v_i = v_n \, x^{n-i} \qquad\qquad \text{für } 1 \leq i \leq n-1 \, .$$

Wegen

$$u_1 x = u_n + \frac{n-1}{p}$$

ist

$$v_n \, x^n = v_1 x = v_n + y + \frac{n-1}{p} - xy = v_n + \frac{n}{p} \, .$$

Also erhalten wir

$$v_n = \frac{n}{p(x^n-1)} \qquad \text{und } v_i = \frac{n \, x^{n-i}}{p(x^n-1)} \qquad \text{für } 1 \leq i \leq n \, .$$

Es folgt

$$t_k = \sum_{i=1}^{k} v_i + ky = \frac{n(x^n - x^{n-k})}{p(x^n-1)(x-1)} - \frac{k}{r-p} = \frac{1}{r-p} \left(\frac{n(x^n - x^{n-k})}{x^n - 1} - k \right)$$

für $1 \leq k \leq n-1$.

c) Wir betrachten Beispiel 8.7 mit $p_i = \frac{i}{n}$ und $r_i = \frac{n-i}{n}$ für $1 \leq i \leq n-1$. Zu lösen ist also das Gleichungssystem

$$\text{(i)} \quad \frac{i}{n} u_i - \frac{n-i}{n} u_{i+1} = 1 \qquad\qquad \text{für } 1 \leq i \leq n-1$$

$$\sum_{i=1}^{n} u_i = O \, .$$

140

Die Multiplikation mit $\binom{n}{i}$ liefert

(ii) $\quad \binom{n-1}{i-1} u_i - \binom{n-1}{i} u_{i+1} = \binom{n}{i} \qquad$ für $1 \leqslant i \leqslant n-1$.

Setzen wir $v_i = \binom{n-1}{i-1} u_i$ für $1 \leqslant i \leqslant n$, so gilt

$$v_i - v_{i+1} = \binom{n}{i} \qquad \text{für } 1 \leqslant i \leqslant n-1 .$$

Wir nutzen aus, daß der Prozeß rechts-links-symmetrisch ist, daß also gilt $t_i = t_{n-i}$ für $1 \leqslant i \leqslant n-1$. Für die Differenzen liefert das $u_i = - u_{n+1-i}$ für $1 \leqslant i \leqslant n$. Wir vermerken

$$v_i = v_{n+1-i} + \sum_{j=i}^{n-i} \binom{n}{j} \qquad \text{für } 2i \leqslant n+1$$

Nun ist aber

$$v_{n+1-i} = \binom{n-1}{n-i} u_{n+1-i} = - \binom{n-1}{i-1} u_i = - v_i \ ,$$

also

$$2v_i = \sum_{j=i}^{n-i} \binom{n}{j} \ .$$

Somit ist für $2i \leqslant n+1$

$$u_i = \left(2 \binom{n-1}{i-1} \right)^{-1} \sum_{j=i}^{n-i} \binom{n}{j} \ .$$

Das liefert für $1 \leqslant k \leqslant \frac{n}{2}$

$$t_k = \frac{1}{2} \sum_{i=1}^{k} \binom{n-1}{i-1}^{-1} \sum_{j=i}^{n-i} \binom{n}{j} = \frac{1}{2} \sum_{j=1}^{n-1} \sum_{i=1}^{\mathrm{Min}(j,k,n-j)} \binom{n-1}{i-1}^{-1} \binom{n}{j}$$

wie man sich an der Zeichnung klar macht.

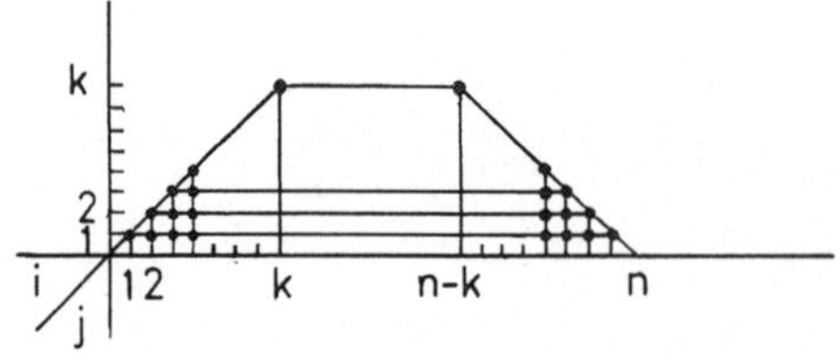

Wir setzen $s_m(n) = \sum_{k=1}^{m} \binom{n-1}{k-1}^{-1}$. Dann gilt für $m \leqslant \mathrm{Min}(j,k,n-j) \leqslant \frac{n}{2}$

$$1 \leqslant s_m(n) \leqslant \frac{1}{2} s_n(n) \leqslant \frac{1}{2} (2 + \frac{4}{n}) = 1 + \frac{2}{n}$$

(siehe die Rechnung in 8.7).

Für die Erwartungszeiten bis zum Spielabbruch ergibt das

$$\frac{1}{2}\,(2^n - 2) \leqslant t_k \leqslant \frac{1}{2}\,(2^n - 2)\,\frac{1}{2}\,s_n(n) \leqslant \frac{1}{2}\,(2^n - 2)\,\frac{n+2}{n}\;.$$

Wie die Gewinnaussichten, so hängt auch die zu erwartende Spieldauer nur sehr wenig davon ab, mit welcher Zahl von Karten die Spieler anfangen.

9.8 Beispiel. Ein Ausbildungsgang dauere regulär n Jahre. Nach dem Jahr i verhalte sich ein Schüler wie folgt:

Mit Wahrscheinlichkeit p_i bricht er ab;

mit Wahrscheinlichkeit $q_i < 1$ muß er das Jahr wiederholen;

mit Wahrscheinlichkeit r_i wird er versetzt (bzw. mit Wahrscheinlichkeit r_n legt er das Abschlußexamen ab).

Wir haben einen absorbierenden Zustand O (Abbruch) und einen weiteren absorbierenden Zustand n+1 (erfolgreicher Abschluß). Die Übergangsmatrix zu diesem Prozeß ist dann

$$A = \begin{pmatrix} 1 & O & O & \cdots & O & O & O \\ p_1 & q_1 & r_1 & \cdots & O & O & O \\ p_2 & O & q_2 & \cdots & O & O & O \\ \vdots & \vdots & \vdots & & \vdots & \vdots & \vdots \\ p_{n-1} & O & O & \cdots & q_{n-1} & r_{n-1} & O \\ p_n & O & O & \cdots & O & q_n & r_n \\ O & O & O & \cdots & O & O & 1 \end{pmatrix}.$$

Die Matrix $P = \lim\limits_{k\to\infty} A^k$ hat wegen $q_i < 1$ offenbar die Gestalt

$$P = \begin{pmatrix} 1 & & O \\ c_1 & & b_1 \\ \vdots & O & \vdots \\ c_n & & b_n \\ O & & 1 \end{pmatrix},$$

wobei

$$b_i = q_i\,b_i + r_i\,b_{i+1} \qquad \text{für } 1 \leqslant i \leqslant n \text{ und } b_{n+1} = 1\;,$$

also

$$b_i = \frac{r_i}{1 - q_i}\,b_{i+1} \qquad \text{für } 1 \leqslant i \leqslant n\;.$$

Somit ist

$$b_i = \prod_{k=i}^{n} \frac{r_k}{p_k + r_k} \qquad \text{für } 1 \leqslant i \leqslant n\;.$$

Dabei ist b_i die Wahrscheinlichkeit, die Ausbildung erfolgreich zu beenden, falls sich der Schüler im i-ten Jahr befindet; diese Aussicht wächst natürlich mit der Anzahl der bereits absolvierten Jahre.

Für die mittlere Dauer t_i bis zum Abschluß oder Abbruch, gerechnet vom Beginn des i-ten Jahres an, ergibt sich das Gleichungssystem

$$t_i = 1 + q_i \, t_i + r_i \, t_{i+1} \qquad \text{für } 1 \leqslant i \leqslant n \qquad \text{mit } t_{n+1} = 0 \; .$$

Wir setzen

$$x_i = p_i + r_i = 1 - q_i > 0 \; .$$

Dann gilt

$$x_i \, t_i = 1 + r_i \, t_{i+1} \; ,$$

also

$$t_i = \frac{1}{x_i} + \frac{r_i}{x_i} \, t_{i+1} \; .$$

Setzen wir noch

$$y_i = \frac{r_i}{x_i} = \frac{r_i}{p_i + r_i} \; ,$$

so folgt durch Induktion

$$t_i = \frac{1}{x_i} + \sum_{j=i}^{n-1} \frac{y_i \, y_{i+1} \cdots y_j}{x_{j+1}} \qquad \text{für } 1 \leqslant i \leqslant n :$$

Der Induktionsanfang wird geliefert für $i = n$ durch $t_n = \frac{1}{x_n}$. Ist die Behauptung bewiesen für t_i, so folgt

$$t_{i-1} = \frac{1}{x_{i-1}} + y_{i-1} \, t_i = \frac{1}{x_{i-1}} + \frac{y_{i-1}}{x_i} + \sum_{j=i}^{n-1} \frac{y_{i-1} \cdots y_j}{x_{j+1}}$$

$$= \frac{1}{x_{i-1}} + \sum_{j=i-1}^{n-1} \frac{y_{i-1} \cdots y_j}{x_{j+1}} \; .$$

Sei

$$x_0 = \text{Min} (x_1, \ldots, x_n) \qquad \text{und } y = \text{Max} (y_1, \ldots, y_n) \; .$$

Sind alle p_i positiv, so ist $y < 1$. Für $y < 1$ erhalten wir die Abschätzung

$$t_i \leqslant \sum_{j=i}^{n} \frac{y^{j-i}}{x_0} = \frac{1 - y^{n+1-i}}{x_0 \, (1-y)} < \frac{1}{x_0 \, (1-y)} \; .$$

Wir haben also eine von n unabhängige Schranke für t_i gefunden, falls nur die Abbruchswahrscheinlichkeit p_i in jedem Studienjahr positiv ist. Sind die Abbruchswahrscheinlichkeiten p_i für alle i merklich, so ist y deutlich kleiner als 1, und der Einfluß der "Regelstudienzeit" n auf die mittlere Studiendauer t_1 ist dann gering.

<u>9.9 Beispiel.</u> Für die in § 5 betrachteten Labyrinthe ist die Berechnung der Übergangszeiten - im Gegensatz zu den Grenzwerten - im allgemeinen recht kompliziert. Wir betrachten hier nur das Labyrinth aus 2.8 b) mit der Übergangsmatrix

$$
A = \begin{pmatrix}
0 & \frac{1}{3} & 0 & 0 & \cdots & 0 & \frac{1}{3} & \frac{1}{3} \\
\frac{1}{3} & 0 & \frac{1}{3} & 0 & \cdots & 0 & 0 & \frac{1}{3} \\
\vdots & \vdots & \vdots & \vdots & & \vdots & \vdots & \vdots \\
\frac{1}{3} & 0 & 0 & 0 & \cdots & \frac{1}{3} & 0 & \frac{1}{3} \\
\frac{1}{n} & \frac{1}{n} & \frac{1}{n} & \frac{1}{n} & \cdots & \frac{1}{n} & \frac{1}{n} & 0
\end{pmatrix} .
$$

Es ist $zA = z$ und $\sum_{i=1}^{n+1} z_i = 1$ für

$$
z = \left(\frac{3}{4n} , \cdots , \frac{3}{4n}, \frac{1}{4} \right) \qquad\qquad \text{(siehe 5.8 a)) .}
$$

Also gilt nach 9.3 c) $t_{ii} = \frac{4n}{3}$ für die äußeren Kammern i und $t_{n+1,n+1} = 4$.

Aus Symmetriegründen sind die Übergangszeiten $t_{i,n+1}$ (mit $1 \leqslant i \leqslant n$) von einer äußeren Kammer in die zentrale Kammer alle gleich. Also folgt aus 9.3 c)

$$
t_{i,n+1} = 1 + \sum_{k=1}^{n} a_{ik}\, t_{k,n+1} = 1 + t_{i,n+1} \sum_{k=1}^{n} a_{ik} = 1 + t_{i,n+1} \left(1 - \frac{1}{3}\right) .
$$

Das ergibt $t_{i,n+1} = 3$ für $1 \leqslant i \leqslant n$.

Die Berechnung der t_{ki} mit $i \leqslant n$ gestaltet sich etwas schwieriger.

(1) Da alle äußeren Kammern gleichberechtigt sind, genügt die Bestimmung von $t_{i,n}$ für $i = 1,\ldots,n+1$ und $i \neq n$. Wir setzen $t_i = t_{i,n}$ für $1 \leqslant i \leqslant n+1$, $i \neq n$ und $t_0 = t_n = 0$. Dann gilt

$$
t_i = \frac{1}{3}(t_{i-1} + t_{i+1} + t_{n+1}) + 1 \qquad\qquad \text{für } 1 \leqslant i \leqslant n-1
$$

$$
t_{n+1} = 1 + \frac{1}{n} \sum_{i=1}^{n} t_i .
$$

144

(2) Wir machen das Gleichungssystem homogen: Dazu setzen wir

$$s_i = t_i - t_{n+1} - 3 \qquad\qquad \text{für } 0 \leqslant i \leqslant n \, .$$

Dann gilt

$$s_i = \frac{1}{3} \, (s_{i-1} + s_{i+1}) \qquad\qquad \text{für } 1 \leqslant i \leqslant n-1$$

und

$$\sum_{i=1}^{n-1} s_i = \sum_{i=1}^{n-1} (t_i - t_{n+1} - 3)$$

$$= n(t_{n+1} - 1) - (n-1)t_{n+1} - 3(n-1)$$

$$= t_{n+1} - 4n + 3 \, .$$

(3) Wir vermerken

$$s_i = 3\,s_{i-1} - s_{i-2} \qquad\qquad \text{für } i \geqslant 2 \, .$$

Wenden wir 7.7 zur Lösung dieser Rekursionsgleichung an, so erhalten wir

$$s_i = c_1\, u^i + c_2\, v^i \qquad\qquad (0 \leqslant i \leqslant n)$$

mit

$$u = \frac{3 + \sqrt{5}}{2} \quad \text{und } v = \frac{3 - \sqrt{5}}{2} \, .$$

Wegen $t_0 = t_n = 0$ ist dabei

$$c_1 \quad + c_2 \quad = s_0 = -\,t_{n+1} - 3$$

$$c_1\, u^n + c_2\, v^n = s_n = -\,t_{n+1} - 3$$

$$t_{n+1} = 4n - 3 + \sum_{i=1}^{n-1} s_i = 4n - 3 + c_1 \frac{u^n - u}{u - 1} + c_2 \frac{v^n - v}{v - 1} \, .$$

Dies ist ein inhomogenes lineares Gleichungssystem, aus dem sich c_1, c_2, t_{n+1} bestimmen lassen. Wegen

$$(u-1)(v-1) = -1 \qquad \text{und } u-v = \sqrt{5}$$

ist die Lösung

$$c_1 \quad = -\,\frac{4n}{\sqrt{5}} \, \frac{1}{u^n - 1} < 0$$

$$c_2 \quad = -\,\frac{4n}{\sqrt{5}} \, \frac{1}{1 - v^n} < 0$$

$$t_{n+1} = - 3 + \frac{4n}{\sqrt{5}} \left(\frac{1}{u^n - 1} + \frac{1}{1 - v^n} \right) .$$

Wegen $c_1 < 0$, $c_2 < 0$ und $u > 1 > v$ folgt

$$\frac{4n}{\sqrt{5}} - 3 < t_{n+1} = 4n - 3 + c_1 \frac{u^n - u}{u - 1} + c_2 \frac{v^n - v}{v - 1} < 4n - 3 .$$

Für große n gilt offenbar

$$t_{n+1} \sim \frac{4n}{\sqrt{5}} - 3 .$$

(4) Für $1 \leqslant i \leqslant n-1$ erhalten wir schließlich

$$t_i = s_i + t_{n+1} + 3 = \frac{4n}{\sqrt{5}} \left(\frac{1 - v^i}{1 - v^n} - \frac{u^i - 1}{u^n - 1} \right) .$$

9.10 Bemerkung. Sind für ein Labyrinth die Übergangszeiten für den Fall bekannt, daß $a_{ii} = 0$ für alle i gilt, so lassen sie sich leicht auch für den Fall $a_{ii} = b$ bestimmen. Allgemeiner:

Sei A eine unzerlegbare stochastische Matrix mit $a_{ii} = 0$ für alle i und seien t_{ij} die zugehörigen Übergangszeiten. Sei $A' = bE + (1-b)A$ und seien t'_{ij} die Übergangszeiten zu A'. Dann gilt

$$t_{ii} = t'_{ii} \qquad \text{und} \qquad t_{ij} = (1-b)t'_{ij} \qquad \text{für } i \neq j .$$

Beweis. Ist $zA = z$, so gilt offenbar auch $zA' = z$. Also ist

$$t_{ii} = \frac{1}{z_i} = t'_{ii} .$$

Für $i \neq j$ gilt einerseits

$$t_{ij} = 1 + \sum_{k \neq j, i} a_{ik} t_{kj} ,$$

anderseits auch

$$t'_{ij} = 1 + \sum_{k \neq j} a'_{ik} t'_{kj} = 1 + \sum_{k \neq j, i} a_{ik} (1-b) t'_{kj} + bt'_{ij} .$$

Das ergibt

$$t'_{ij} (1-b) = 1 + \sum_{k \neq j, i} a_{ik} t'_{kj} (1-b) .$$

Wegen der Eindeutigkeitsaussage in 9.3 c) folgt dann

$$t'_{ij} (1-b) = t_{ij} \qquad\qquad \text{für } i \neq j . \qquad\qquad \underline{\text{q.e.d.}}$$

A u f g a b e n

<u>44</u>) Man berechne die mittleren Übergangszeiten für die Beispiele 8.4 a) und b).

<u>45</u>) Sei A eine unzerlegbare stochastische Matrix, sei

$$P = \lim_{k \to \infty} \frac{1}{k} \sum_{i=0}^{k-1} A^i$$

und sei z der eindeutig festgelegte Zeilenvektor von P. Wir setzen

$$D = \begin{pmatrix} \frac{1}{z_1} & & 0 \\ & \frac{1}{z_2} & \\ & & \ddots & \\ 0 & & & \frac{1}{z_n} \end{pmatrix}.$$

Sei $T = (t_{ij})$ die Matrix der Übergangszeiten und $M = T - D$. Sei schließlich

$$F = \begin{pmatrix} 1 & \cdots & 1 \\ \vdots & \ddots & \vdots \\ 1 & \cdots & 1 \end{pmatrix}.$$

Man zeige:

a) $M + D = F + AM$

b) Die Matrix M ist invertierbar.
(Anleitung: Sei $Mv = 0$ für einen Spaltenvektor v. Dann folgt $Dv = Fv$ und

$$v = a \begin{pmatrix} z_1 \\ \vdots \\ z_n \end{pmatrix}$$

und daraus $v = 0$.)

c)

$$M \begin{pmatrix} z_1 \\ \vdots \\ z_n \end{pmatrix} = \begin{pmatrix} c \\ \vdots \\ c \end{pmatrix} \qquad \text{für ein geeignetes c .}$$

(Anleitung:

$$M \begin{pmatrix} z_1 \\ \vdots \\ z_n \end{pmatrix} = AM \begin{pmatrix} z_1 \\ \vdots \\ z_n \end{pmatrix} .)$$

d) Ist A' eine weitere unzerlegbare stochastische Matrix mit $M = M'$, so gilt $A = A'$.

<u>46</u>) Sei A eine unzerlegbare stochastische Matrix und M die nach Aufgabe 45 dazu gebildete Matrix. Man zeige: Für $k \geqslant 1$ gehört kM zu einer stochastischen Matrix A'. Man bestimme diese Matrix. Wie verhält es sich mit $k < 1$?

<u>47</u>) Eine unzerlegbare stochastische Matrix A ist genau dann doppelt stochastisch, wenn alle Zeilensummen der Matrix M gleich sind. (Man verwende Aufgabe 45 a).)

<u>48</u>) Man beweise für eine unzerlegbare stochastische Matrix die folgenden Ungleichungen:

a) $\qquad t_{ij} \geqslant \dfrac{1 - a_{ij}}{1 - a_{ii}} + 1$ $\qquad\qquad\qquad$ für $i \neq j$.

b) $\qquad \displaystyle\sum_{\substack{j=1 \\ j \neq i}}^{n} t_{ij} \geqslant n-1 + \dfrac{n-2+a_{ii}}{1 - a_{ii}}$.

c) Sei $t_1 = \underset{i \neq j}{\text{Max }} t_{ij}$ und $t_0 = \underset{i \neq j}{\text{Min }} t_{ij}$. Dann gilt

$\qquad 1 + (1 - a_{ij})\, t_0 \leqslant t_{ij} \leqslant 1 + (1 - a_{ij})\, t_1$ für alle $i \neq j$.

d) Sei $a_1 = \underset{i \neq j}{\text{Max }} a_{ij}$ und $a_0 = \underset{i \neq j}{\text{Min }} a_{ij} > 0$. Dann gilt

$\qquad \dfrac{1}{a_1} \leqslant t_{ij} \leqslant \dfrac{1}{a_0}$ $\qquad\qquad\qquad$ für alle $i \neq j$.

<u>49</u>) Man berechne die mittleren Übergangszeiten für das Labyrinth

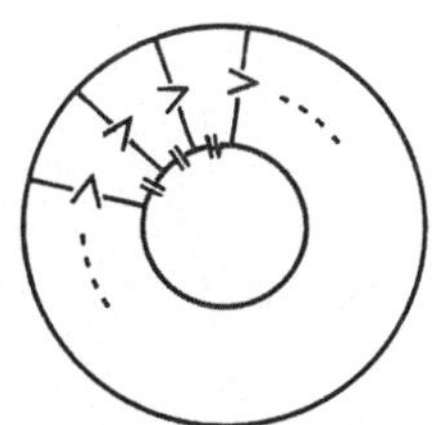

<u>50</u>) Man berechne die mittleren Übergangszeiten für die folgende Matrix

$$A = \begin{pmatrix} 1 & 0 & 0 & & & \\ \frac{1}{2} & 0 & \frac{1}{2} & & & \\ 0 & \frac{1}{2} & 0 & & & \\ & & & \frac{1}{2} & 0 & \frac{1}{2} \\ & & & 0 & 1 & 0 \end{pmatrix}$$

(Anleitung: Man setze $\bar{t}_{i0} = t_{i0} + i^2$ und zeige, daß $\bar{t}_{10}, \ldots, \bar{t}_{n-1,0}$ eine arithmetische Folge ist.)

§ 10 Abgeleitete stochastische Matrizen

10.1 Einführung. Gegeben seien zwei stochastische Prozesse mit den zugehörigen Zustandsmengen Z_k und den Übergangsmatrizen $A_k = (a_{ij}^{[k]})$ ($k = 1,2$). Wir definieren einen neuen stochastischen Prozeß auf folgende Weise:

Die Menge der Zustände sei das *kartesische Produkt* $Z = Z_1 \times Z_2$, und die Übergangsmatrix sei $A = (a_{IJ})$ mit

$$a_{IJ} = a_{i_1,j_1}^{[1]}\, a_{i_2,j_2}^{[2]} \qquad \text{für } I = (i_1,i_2),\ J = (j_1,j_2) \in Z\ .$$

Wegen

$$\sum_{J \in Z} a_{IJ} = \sum_{j_1 \in Z_1} \sum_{j_2 \in Z_2} a_{i_1,j_1}^{[1]}\, a_{i_2,j_2}^{[2]}$$

$$= \left(\sum_{j_1 \in Z_1} a_{i_1,j_1}^{[1]} \right) \left(\sum_{j_2 \in Z_2} a_{i_2,j_2}^{[2]} \right) = 1$$

ist A eine stochastische Matrix.

Ist $Z_k = \{1,\ldots,n_k\}$, so hat A bei der Anordnung

$$(1,1),\ (1,2),\ldots,(1,n_2),\ (2,1),\ldots,(2,n_2),\ldots,(n_1-1,n_2),\ (n_1,1),$$
$$\ldots,(n_1,n_2)$$

der Zustände aus Z die Gestalt

$$A = \begin{pmatrix} a_{11}^{[1]} A_2 & \cdots & a_{1,n_1}^{[1]} A_2 \\ \vdots & & \vdots \\ a_{n_1,1}^{[1]} A_2 & \cdots & a_{n_1,n_1}^{[1]} A_2 \end{pmatrix}\ .$$

Das führt uns zu folgender Definition:

10.2 Definition. Seien $A_k = (a_{ij}^{[k]})$ beliebige Matrizen mit komplexen Einträgen mit Typ $A_k = (m_k,n_k)$ für $k = 1,\ldots,s$. Wir definieren dann

$$A_1 \otimes A_2 = \begin{pmatrix} a_{11}^{[1]} A_2 & a_{12}^{[1]} A_2 & \cdots & a_{1,n_1}^{[1]} A_2 \\ a_{21}^{[1]} A_2 & a_{22}^{[1]} A_2 & \cdots & a_{2,n_1}^{[1]} A_2 \\ \vdots & \vdots & & \vdots \\ a_{m_1,1}^{[1]} A_2 & a_{m_1,2}^{[1]} A_2 & \cdots & a_{m_1,n_1}^{[1]} A_2 \end{pmatrix}$$

und rekursiv

$$A_1 \otimes \cdots \otimes A_r = (A_1 \otimes \cdots \otimes A_{r-1}) \otimes A_r \qquad \text{für } 2 \leq r \leq s \ .$$

$A_1 \otimes A_2$ heißt das *Kroneckerprodukt* von A_1 mit A_2.

Wir schreiben statt $\underbrace{A \otimes \cdots \otimes A}_{r \text{ mal}}$ auch $A^{\otimes r}$.

10.3 Hilfssatz. *Seien A_k Matrizen vom Typ (m_k, n_k) und B_k solche vom Typ (n_k, r_k) für $k = 1,2$. Dann gilt*

$$(A_1 \otimes A_2)(B_1 \otimes B_2) = A_1 B_1 \otimes A_2 B_2 \ .$$

Beweis. Mit $A_k = (a_{ij}^{[k]})$ und $B_k = (b_{js}^{[k]})$ für $k = 1,2$ folgt

$$(A_1 \otimes A_2)(B_1 \otimes B_2) = \begin{pmatrix} a_{11}^{[1]} A_2 & \cdots & a_{1,n_1}^{[1]} A_2 \\ \vdots & & \vdots \\ a_{m_1,1}^{[1]} A_2 & \cdots & a_{m_1,n_1}^{[1]} A_2 \end{pmatrix} \begin{pmatrix} b_{11}^{[1]} B_2 & \cdots & b_{1,r_1}^{[1]} B_2 \\ \vdots & & \vdots \\ b_{n_1,1}^{[1]} B_2 & \cdots & b_{n_1,r_1}^{[1]} B_2 \end{pmatrix}$$

$$= \begin{pmatrix} \sum_{j=1}^{n_1} a_{1j}^{[1]} b_{j1}^{[1]} A_2 B_2 & \cdots & \sum_{j=1}^{n_1} a_{1j}^{[1]} b_{j,r_1}^{[1]} A_2 B_2 \\ \vdots & & \vdots \\ \sum_{j=1}^{n_1} a_{m_1,j}^{[1]} b_{j1}^{[1]} A_2 B_2 & \cdots & \sum_{j=1}^{n_1} a_{m_1,j}^{[1]} b_{j,r_1}^{[1]} A_2 B_2 \end{pmatrix}$$

$$= A_1 B_1 \otimes A_2 B_2 \ . \qquad\qquad \text{q.e.d.}$$

Ohne auf den trivialen Beweis einzugehen, vermerken wir das *Assoziativgesetz*

$$(A \otimes B) \otimes C = A \otimes (B \otimes C) \ .$$

10.4 Definition. a) Sei f eine Abbildung, die jedem $U \in \mathbb{N}_0^r$ eine komplexe Zahl f_U zuordnet. Ferner sei der *Träger*

$$T_f = \{U \mid U \in \mathbb{N}_0^r, \ f_U \neq 0\}$$

von f eine endliche Menge. Gilt außerdem $f_U \geq 0$ für alle U und $\sum_U f_U = 1$, so nennen wir f eine *Verteilung* auf $\mathbb{N}_0^r$.

b) Sei f eine Abbildung von $\mathbb{N}_0^r$ in den komplexen Zahlkörper $\mathbb{C}$ mit endlichem Träger und $\mathbb{C}[x_1,\ldots,x_r]$ der *Polynomring* über $\mathbb{C}$ in den Unbestimmten $x_1,\ldots,x_r$. Wir setzen dann

$$\bar{f}(x_1,\ldots,x_r) = \sum_{(u_i)\in T_f} f(u_1,\ldots,u_r)\, x_1^{u_1} \cdots x_r^{u_r}\,.$$

Sind A_i komplexe Matrizen vom Typ (n_i,n_i) für $i = 1,\ldots,r$, so sei

$$\bar{f}(A_1,\ldots,A_r) = \sum_{(u_i)\in T_f} f(u_1,\ldots,u_r)\, A_1^{u_1} \otimes \cdots \otimes A_r^{u_r}\,.$$

c) Gegeben seien r stochastische Prozesse mit den Zustandsmengen $N_i = \{1,\ldots,n_i\}$ und den Übergangsmatrizen A_i. Ist f eine Verteilung auf $\mathbb{N}_0^r$ mit dem Träger T_f, so erhalten wir einen neuen stochastischen Prozeß mit der Zustandsmenge

$$Z = N_1 \times \cdots \times N_r = \{(i_1,\ldots,i_r)\,|\,i_j \in N_j\}$$

und der Übergangsmatrix $\bar{f}(A_1,\ldots,A_r)$. Offenbar gilt $|Z| = \prod_{j=1}^{r} n_j$. Ist

$$A_k^u = (a_{ij}^{[k](u)})\,,$$

so hat $\bar{f}(A_1,\ldots,A_r)$ Einträge der Gestalt

$$a_{IJ} = \sum_{(u_i)\in T_f} f(u_1,\ldots,u_r)\, a_{i_1,j_1}^{[1](u_1)}\, a_{i_2,j_2}^{[2](u_2)} \cdots a_{i_r,j_r}^{[r](u_r)}$$

für $I = (i_1,\ldots,i_r)$ und $J = (j_1,\ldots,j_r)$.

__10.5 Satz.__ *Seien A_i komplexe Matrizen vom Typ (n_i,n_i) $(i = 1,\ldots,r)$ und sei f eine Abbildung von $\mathbb{N}_0^r$ in $\mathbb{C}$ mit endlichem Träger.*

a) Sind $a_{i1},\ldots,a_{i,n_i}$ die Eigenwerte von A_i $(i = 1,\ldots,r)$, so sind die $\bar{f}(a_{1,k_1},\ldots,a_{r,k_r})$ mit $1 \leqslant k_i \leqslant n_i$ $(i = 1,\ldots,r)$ die sämtlichen Eigenwerte von $\bar{f}(A_1,\ldots,A_r)$.

b) Sind die A_i gute stochastische Matrizen und ist f eine Verteilung auf $\mathbb{N}_0^r$, so ist $\bar{f}(A_1,\ldots,A_r)$ eine gute stochastische Matrix.

__Beweis.__ a) Bekanntlich existieren reguläre komplexe Matrizen S_i $(i = 1,\ldots,r)$ derart, daß bei geeigneter Numerierung der Eigenwerte von A_i

$$S_i^{-1} A_i S_i = \begin{pmatrix} a_{i1} & & O \\ & \ddots & \\ * & & a_{i,n_i} \end{pmatrix}$$

gilt. Mit 10.3 folgt

$$(S_1 \otimes \cdots \otimes S_r)^{-1} = S_1^{-1} \otimes \cdots \otimes S_r^{-1}$$

und

$$(S_1 \otimes \cdots \otimes S_r)^{-1} (A_1^{u_1} \otimes \cdots \otimes A_r^{u_r})(S_1 \otimes \cdots \otimes S_r)$$

$$= S_1^{-1} A_1^{u_1} S_1 \otimes \cdots \otimes S_r^{-1} A_r^{u_r} S_r$$

$$= (S_1^{-1} A_1 S_1)^{u_1} \otimes \cdots \otimes (S_r^{-1} A_r S_r)^{u_r}$$

für alle $(u_1, \ldots, u_r) \in \mathbb{N}_0^r$. Dies ist aber eine Dreiecksmatrix mit den Diagonalelementen

$$a_{1,k_1}^{u_1} \cdots a_{r,k_r}^{u_r} \qquad\qquad (1 \leqslant k_j \leqslant n_j; \quad j = 1, \ldots, r) .$$

Also hat $\bar{f}(A_1, \ldots, A_r)$ die Eigenwerte

$$\bar{f}(a_{1,k_1}, \ldots, a_{r,k_r}) \qquad \text{mit} \quad 1 \leqslant k_j \leqslant n_j \quad (j = 1, \ldots, r) .$$

b) Offenbar gilt

$$|\bar{f}(a_{1,k_1}, \ldots, a_{r,k_r})|$$

$$\leqslant \sum_{(u_i) \in T_f} f(u_1, \ldots, u_r) |a_{1,k_1}^{u_1} \cdots a_{r,k_r}^{u_r}|$$

$$\leqslant \sum_{(u_i) \in T_f} f(u_1, \ldots, u_r) = 1 .$$

Dabei kann $|\bar{f}(a_{1,k_1}, \ldots, a_{r,k_r})| = 1$ höchstens dann gelten, wenn für alle $(u_1, \ldots, u_r) \in T_f$ aus $u_i > 0$ auch $|a_{i,k_i}| = 1$ folgt. Sind alle A_i gut, so erzwingt dies $a_{i,k_i} = 1$ und daher

$$\bar{f}(a_{1,k_1}, \ldots, a_{r,k_r}) = \sum_{(u_i) \in T_f} f(u_1, \ldots, u_r) = 1 .$$

Somit ist $\bar{f}(A_1, \ldots, A_r)$ gut. $\hfill$ q.e.d.

152

<u>10.6 Hilfssatz.</u> *Seien* A *und* B *stochastische Matrizen vom gleichen Typ.*

   a) *Ist* A *oder* B *gut (sehr gut), so ist auch* tA + (1-t)B *für* 0 < t < 1 *gut (sehr gut).*

   b) *Ist* AB = BA *und ist*

$$Q_A = \lim_{k \to \infty} \frac{1}{k} \sum_{i=0}^{k-1} A^i, \quad Q_B = \lim_{k \to \infty} \frac{1}{k} \sum_{i=0}^{k-1} B^i,$$

so gilt

$$\lim_{k \to \infty} \frac{1}{k} \sum_{i=0}^{k-1} (tA + (1-t)B)^i = Q_A\, Q_B$$

für 0 < t < 1.

<u>Beweis.</u> a) Sei zunächst A oder B gut. Angenommen, tA + (1-t)B wäre nicht gut für ein t mit 0 < t < 1. Dann hat tA + (1-t)B in der Zerlegung gemäß 3.10 ein unzerlegbares Kästchen B_i, welches von dem in 2.12 a) beschriebenen Typ ist. Da dann sowohl A als auch B eine solche Zerlegung hat, sind A und B nach 2.8 a) nicht gut, entgegen der Voraussetzung.

Sind A oder B sehr gut, aber tA + (1-t)B nicht für ein t mit 0 < t < 1, so hat tA + (1-t)B in der Zerlegung gemäß 3.10 mindestens zwei Kästchen B_i. Dann ist dies erst recht der Fall für A und B, also ist 1 mehrfacher Eigenwert von A und B, entgegen der Voraussetzung.

b) Wegen AB = BA gelten offenbar auch B Q_A = Q_A B und $Q_A\, Q_B$ = $Q_B\, Q_A$. Damit folgt

$$(Q_A\, Q_B)^2 = Q_A\, Q_B$$

$$= (tA + (1-t)B)\, Q_A\, Q_B = Q_A\, Q_B\, (tA + (1-t)B)\ .$$

Um 3.5 b) anzuwenden, zeigen wir

$$\text{Rang } Q_A\, Q_B \geq \text{Rang } Q_{(tA + (1-t)B)}\ .$$

Wegen 2.6 d) gilt für eine geeignete reguläre Matrix T

$$T^{-1}(tA + (1-t)B)T = \begin{pmatrix} E_m & O \\ O & C \end{pmatrix},$$

wobei Rang $Q_{tA+(1-t)B}$ = m gilt und C nicht den Eigenwert 1 hat.

Sei

$$T^{-1}AT = \begin{pmatrix} A_{11} & A_{12} \\ A_{21} & A_{22} \end{pmatrix}$$

entsprechend der Zerlegung von $T^{-1}(tA + (1-t)B)T$. Da $T^{-1}AT$ mit $T^{-1}(tA + (1-t)B)T$ vertauschbar ist, gilt

$$A_{12} = A_{12}C \quad \text{und} \quad A_{21} = CA_{21} \;.$$

Wegen der Invertierbarkeit von $E - C$ folgt $A_{12} = O$ und $A_{21} = O$. Also erhalten wir (mit veränderter Bezeichnung)

$$T^{-1}AT = \begin{pmatrix} A_1 & O \\ O & A_2 \end{pmatrix} \quad \text{und analog} \quad T^{-1}BT = \begin{pmatrix} B_1 & O \\ O & B_2 \end{pmatrix} \;.$$

Dabei ist

$$(1) \quad tA_1 + (1-t)B_1 = E_m \;.$$

Sei S eine reguläre komplexe Matrix vom Typ (m,m) mit

$$S^{-1}A_1 S = \begin{pmatrix} a_1 & & O \\ & \ddots & \\ * & & a_m \end{pmatrix} \;.$$

Mit (1) folgt dann

$$S^{-1}B_1 S = \begin{pmatrix} b_1 & & O \\ & \ddots & \\ * & & b_m \end{pmatrix} \;.$$

Wegen $|a_i| \leqslant 1$ und $|b_i| \leqslant 1$ folgt aus $ta_i + (1-t)b_i = 1$ nun $a_i = b_i = 1$. Mit Hilfe von 2.6 d) erhalten wir dann $A_1 = B_1 = E_m$. Das zeigt

$$T^{-1}Q_A T = \begin{pmatrix} E_m & O \\ O & * \end{pmatrix} \quad \text{und} \quad T^{-1}Q_B T = \begin{pmatrix} E_m & O \\ O & * \end{pmatrix} \;.$$

Somit ist

$$\text{Rang } Q_A Q_B = \text{Rang } T^{-1}Q_A T\, T^{-1}Q_B T \geqslant m = \text{Rang } Q_{(tA+(1-t)B)} \;. \quad \underline{\text{q.e.d.}}$$

<u>10.7 Satz.</u> *Sei* f *eine Verteilung auf* $\mathbb{N}_O^{\,r}$ *mit dem Träger* T_f. *Sei*

$$t_i = \begin{cases} 1 \text{ \textit{falls ein}} (u_1, \ldots, u_r) \in T_f \text{ \textit{existiert mit}} u_i \neq O \\ O \text{ \textit{andernfalls}.} \end{cases}$$

Wir setzen $T = (t_1, \ldots, t_r)$.

Ferner seien A_i stochastische Matrizen vom Typ (n_i, n_i) für $i = 1, \ldots, r$.

a) *Ist*

$$\lim_{k \to \infty} A_i^{\,k} = P_i \qquad \text{für } i = 1, \ldots, r \,,$$

so gilt

$$\lim_{k \to \infty} \bar{f}(A_1, \ldots, A_r)^k = P_1^{\,t_1} \otimes \cdots \otimes P_r^{\,t_r} \,.$$

Kommen insbesondere alle Unbestimmten x_i im Polynom $\bar{f}$ vor, so gilt

$$\lim_{k \to \infty} \bar{f}(A_1, \ldots, A_r)^k = P_1 \otimes \cdots \otimes P_r \,.$$

b) *Sind alle A_i sehr gut und ist $T = (1, \ldots, 1)$, so gilt*

$$\lim_{k \to \infty} \bar{f}(A_1, \ldots, A_r)^k = \begin{pmatrix} z_1 \otimes \cdots \otimes z_r \\ \vdots \\ z_1 \otimes \cdots \otimes z_r \end{pmatrix}$$

mit

$$(z_{i1}, \ldots, z_{i,n_i}) = z_i = z_i A_i \qquad und \qquad \sum_{j=1}^{n_i} z_{ij} = 1$$

für $i = 1, \ldots, r$.

c) *Ist* $\operatorname{Grad} \bar{f} \leq 1$ *und ist* $Q_i = \lim\limits_{k \to \infty} \dfrac{1}{k} \sum\limits_{j=0}^{k-1} A_i^{\,j}$, *so gilt*

$$\lim_{k \to \infty} \frac{1}{k} \sum_{i=0}^{k-1} \bar{f}(A_1, \ldots, A_r)^i = Q_1^{\,t_1} \otimes \cdots \otimes Q_r^{\,t_r} \,.$$

<u>Beweis.</u> a) Wegen

$$P_i^{\,2} = P_i = \lim_{k \to \infty} \frac{1}{k} \sum_{j=0}^{k-1} A_i^{\,j}$$

folgt aus 10.6

$$\lim_{k \to \infty} \frac{1}{k} \sum_{i=0}^{k-1} \bar{f}(A_1, \ldots, A_r)^i = \prod_{(u_i) \in T_f} \lim_{k \to \infty} \frac{1}{k} \sum_{j=0}^{k-1} (A_1^{\,u_1} \otimes \cdots \otimes A_r^{\,u_r})^j$$

$$= \prod_{(u_i) \in T_f} \lim_{k \to \infty} (A_1^{\,u_1} \otimes \cdots \otimes A_r^{\,u_r})^k$$

$$= \prod_{(u_i) \in T_f} (P_1^{\,u_1} \otimes \cdots \otimes P_r^{\,u_r})$$

$$= P_1^{\,t_1} \otimes \cdots \otimes P_r^{\,t_r} \,.$$

Wegen 10.5 b) ist $\bar{f}(A_1,\ldots,A_r)$ gut, also ist

$$\lim_{k\to\infty} \frac{1}{k}\sum_{j=0}^{k-1} \bar{f}(A_1,\ldots,A_r)^j = \lim_{k\to\infty} \bar{f}(A_1,\ldots,A_r)^k \ .$$

b) Unter den Voraussetzungen in b) folgt mit a) und 3.4

$$\lim_{k\to\infty} \bar{f}(A_1,\ldots,A_r)^k = P_1 \otimes \cdots \otimes P_r$$

$$= \begin{pmatrix} z_1 \\ \vdots \\ z_1 \end{pmatrix} \otimes \cdots \otimes \begin{pmatrix} z_r \\ \vdots \\ z_r \end{pmatrix} = \begin{pmatrix} z_1 \otimes \cdots \otimes z_r \\ \vdots \\ z_1 \otimes \cdots \otimes z_r \end{pmatrix} \ .$$

c) Ist $(u_1,\ldots,u_r) \in T_f$, so gilt nach Voraussetzung unter c)
$(u_1,\ldots,u_r) = (0,\ldots,0,u_i,0,\ldots,0)$ mit $u_i \in \{0,1\}$. Offenbar ist nun

$$\lim_{k\to\infty} \frac{1}{k}\sum_{j=0}^{k-1} (A_1^{u_1} \otimes \cdots \otimes A_r^{u_r})^j$$

$$= \lim_{k\to\infty} \frac{1}{k}\sum_{j=0}^{k-1} (E_{n_1} \otimes \cdots \otimes E_{n_{i-1}} \otimes A_i^{u_i} \otimes E_{n_{i+1}} \otimes \cdots \otimes E_{n_r})^j$$

$$= E_{n_1} \otimes \cdots \otimes E_{n_{i-1}} \otimes Q_i^{u_i} \otimes E_{n_{i+1}} \otimes \cdots \otimes E_{n_r} \quad (\text{da } u_i \in \{0,1\})$$

$$= Q_1^{u_1} \otimes \cdots \otimes Q_r^{u_r} \ .$$

Die Behauptung folgt nun aus 10.6 b). <u>q.e.d.</u>

<u>10.8 Beispiele.</u> a) Sei

$$A_1 = A_2 = \begin{pmatrix} 1 & 0 & 0 & & & \\ \frac{1}{2} & 0 & \frac{1}{2} & & & \\ & & \frac{1}{2} & 0 & \frac{1}{2} \\ & & 0 & 0 & 1 \end{pmatrix}$$

die stochastische Matrix, die eine symmetrische *eindimensionale Irrfahrt*
mit den Zuständen $0,1,\ldots,n$ und absorbierenden Rändern $0,n$ beschreibt.
Dann gilt nach 8.6 b)

$$P_1 = \lim_{k\to\infty} A_1^k = \begin{pmatrix} 1 & & 0 \\ \frac{n-1}{n} & & \frac{1}{n} \\ \vdots & 0 & \vdots \\ \frac{1}{n} & & \frac{n-1}{n} \\ 0 & & 1 \end{pmatrix} \ .$$

Bilden wir mit $\overline{f}(x_1,x_2) = \frac{1}{2}(x_1 + x_2)$ die stochastische Matrix

$$A = \overline{f}(A_1,A_2) = \frac{1}{2}A_1 \otimes E + \frac{1}{2}E \otimes A_2 \; ,$$

so beschreibt A eine zweidimensionale Irrfahrt auf einem Schachbrett mit den Zuständen (i,j) mit $0 \leqslant i,j \leqslant n$. Ist $A = (a_{IJ})$, so gilt

$$a_{(i,j)(i+1,j)} = a_{(i,j)(i-1,j)} = \frac{1}{4} \qquad \text{für } 0 < i < n \qquad \text{und alle } j \; ,$$

$$a_{(i,j)(i,j+1)} = a_{(i,j)(i,j-1)} = \frac{1}{4} \qquad \text{für } 0 < j < n \qquad \text{und alle } i \; ,$$

$$a_{(0,j)(0,j)} = a_{(n,j)(n,j)} = \frac{1}{2} \qquad \text{für } 0 < j < n \; ,$$

$$a_{(i,0)(i,0)} = a_{(i,n)(i,n)} = \frac{1}{2} \qquad \text{für } 0 < i < n$$

und

$$a_{(0,0)(0,0)} = a_{(0,n)(0,n)} = a_{(n,0)(n,0)} = a_{(n,n)(n,n)} = 1 \; ,$$

d.h. die vier Ecken des Schachbrettes sind absorbierend. Alle anderen Übergangswahrscheinlichkeiten sind gleich 0.

Es liegt also ein Labyrinth mit vier absorbierenden Ecken der folgenden Gestalt vor:

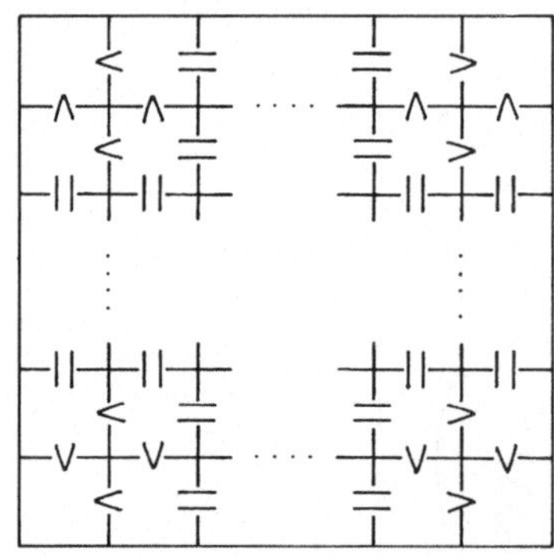

Dabei sind die inneren Felder von den Randfeldern aus nicht mehr erreichbar.

Nach 10.7 a) gilt

$$\lim_{k \to \infty} A^k = P_1 \otimes P_1 = (p_{IJ}) \; .$$

Dabei ist

$$p_{IJ} = 0 \text{ falls } J \neq (0,0), \; (0,n), \; (n,0), \; (n,n) \; ,$$

$$P_{(i,j)(0,0)} = \frac{(n-i)(n-j)}{n^2}$$

$$P_{(i,j)(0,n)} = \frac{(n-i)j}{n^2} \quad , \quad P_{(i,j)(n,0)} = \frac{i(n-j)}{n^2}$$

$$P_{(i,j)(n,n)} = \frac{ij}{n^2} \; .$$

Damit sind die Wahrscheinlichkeiten für die Absorption in eine der vier Ecken bestimmt.

Auf ähnliche Weise lassen sich natürlich noch viele andere mehrdimensionale Irrfahrten beschreiben.

b) Sei jetzt A_1 wie in a), aber

$$A_2 = \begin{pmatrix} 0 & 1 \\ 1 & 0 \end{pmatrix}$$

und $\bar{f}(x_1,x_2) = \frac{2}{3} x_1 + \frac{1}{3} x_2$, also

$$A = \bar{f}(A_1,A_2) = \frac{2}{3} A_1 \otimes E + \frac{1}{3} E \otimes A_2 \; .$$

Dann ist A die Übergangsmatrix zu einem stochastischen Prozeß mit der Zustandsmenge

$$\{(0,1),\ldots,(n,1),(0,2),\ldots,(n,2)\} \; .$$

Ist $A = (a_{IJ})$, so gilt

$$a_{(i,j)(i-1,j)} = a_{(i,j)(i+1,j)} = \frac{1}{3} \quad \text{für } i = 1,\ldots,n-1, \; j = 1,2 \; ,$$

$$a_{(0,1)(0,1)} = a_{(0,2)(0,2)} = a_{(n,1)(n,1)} = a_{(n,2)(n,2)} = \frac{2}{3} \; ,$$

$$a_{(i,1)(i,2)} = a_{(i,2)(i,1)} = \frac{1}{3} \quad \text{für } i = 0,\ldots,n \; ,$$

die übrigen Einträge von A sind 0.

Hierdurch wird also ein Labyrinth der Gestalt

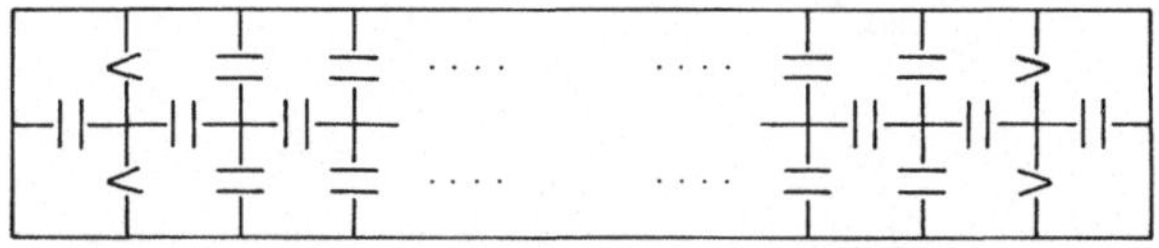

beschrieben.

Nach 10.7 c) gilt

158

$$\lim_{k\to\infty} \frac{1}{k} \sum_{i=0}^{k-1} A^i = \begin{pmatrix} 1 & & & & 0 \\ \frac{n-1}{n} & & & & \frac{1}{n} \\ \vdots & & 0 & & \vdots \\ \frac{1}{n} & & & & \frac{n-1}{n} \\ 0 & & & & 1 \end{pmatrix} \otimes \begin{pmatrix} \frac{1}{2} & \frac{1}{2} \\ \frac{1}{2} & \frac{1}{2} \end{pmatrix} .$$

Da $A_1 \otimes E$ gut ist, ist auch A nach 10.6 a) gut.

Also folgt

$$\lim_{k\to\infty} \frac{1}{k} \sum_{i=0}^{k-1} A^i = \lim_{k\to\infty} A^k .$$

c) Die scharfen Voraussetzungen in 10.7 c) lassen sich nicht abschwächen, die Grenzwertbildung des Ergodensatzes ist i.a. mit dem Kroneckerprodukt nicht vertauschbar:

Sei

$$A_1 = A_2 = \begin{pmatrix} 0 & 1 \\ 1 & 0 \end{pmatrix} .$$

Dann gilt

$$A = A_1 \otimes A_2 = \begin{pmatrix} & & 0 & 1 \\ & & 1 & 0 \\ 0 & 1 & & \\ 1 & 0 & & \end{pmatrix}$$

und somit

$$\lim_{k\to\infty} \frac{1}{k} \sum_{i=0}^{k-1} A^i = \begin{pmatrix} \frac{1}{2} & 0 & 0 & \frac{1}{2} \\ 0 & \frac{1}{2} & \frac{1}{2} & 0 \\ 0 & \frac{1}{2} & \frac{1}{2} & 0 \\ \frac{1}{2} & 0 & 0 & \frac{1}{2} \end{pmatrix} ,$$

aber

$$\lim_{k\to\infty} \frac{1}{k} \sum_{i=0}^{k-1} A_1{}^i \otimes \lim_{k\to\infty} \frac{1}{k} \sum_{i=0}^{k-1} A_2{}^i$$

$$= \begin{pmatrix} \frac{1}{2} & \frac{1}{2} \\ \frac{1}{2} & \frac{1}{2} \end{pmatrix} \otimes \begin{pmatrix} \frac{1}{2} & \frac{1}{2} \\ \frac{1}{2} & \frac{1}{2} \end{pmatrix} = \begin{pmatrix} \frac{1}{4} & \cdots & \frac{1}{4} \\ \vdots & \ddots & \vdots \\ \frac{1}{4} & \cdots & \frac{1}{4} \end{pmatrix} .$$

<u>10.9 Definition.</u> Sei A eine stochastische Matrix vom Typ (n,n) und N die zugehörige Zustandsmenge.

a) Wir setzen

$$P = P(N) = \left\{ P = (B_1, \ldots, B_m) \mid B_i \neq \emptyset,\ B_i \cap B_j = \emptyset \text{ für } i \neq j,\ N = B_1 \cup \cdots \cup B_m;\ m = 1, \ldots, n \right\}.$$

Die Elemente von $P(N)$ sind also die Partitionen von N. Zu $P = (B_1, \ldots, B_m) \in P$ definieren wir die stochastische Matrix $A_P = (b_{ij})$ vom Typ (m,m) durch

$$b_{ij} = \frac{1}{|B_i|} \sum_{\substack{r \in B_i \\ s \in B_j}} a_{rs}$$

und nennen A_P die aus A vermöge P *projizierte Matrix*.

b) Ist $P = (B_1, \ldots, B_m) \in P(N)$ und gilt

$$\frac{1}{|B_i|} \sum_{\substack{r \in B_i \\ s \in B_j}} a_{rs} = \sum_{s \in B_j} a_{ts}$$

für alle $t \in B_i$ und $i,j = 1, \ldots, m$, so heißt P *zulässig* für A.

c) Ist $P = (B_1, \ldots, B_m) \in P(N)$, so nennen wir die (n,m)-Matrix $I_P = (d_{sj})$ mit

$$d_{sj} = \begin{cases} 1 & \text{falls } s \in B_j \\ 0 & \text{sonst} \end{cases}$$

die zu P gehörende *Inzidenzmatrix*. Da die m Spalten von I_P (wegen $B_i \neq \emptyset = B_i \cap B_j$ für $i \neq j$) linear unabhängig sind, hat I_P den Rang m.

<u>10.10 Satz.</u> *Seien A und B stochastische Matrizen vom Typ (n,n) mit der Zustandsmenge N. Weiter sei $P = (B_1, \ldots, B_m) \in P(N)$ und I_P die zu P gehörende Inzidenzmatrix.*

a) *Genau dann ist P zulässig für A, wenn $I_P A_P = A\,I_P$ gilt.*

b) *Ist P zulässig für B, so gilt $A_P B_P = (AB)_P$.*

c) *Für $0 \leqslant t \leqslant 1$ ist stets*

$$(tA + (1-t)B)_P = tA_P + (1-t)B_P.$$

d) *Ist P zulässig für A und B, so ist P auch zulässig für AB und $tA + (1-t)B$ ($0 \leqslant t \leqslant 1$).*

<u>Beweis.</u> Sei $I_P = (d_{ij})$.

a) Wir setzen

$$I_P A_P = (x_{ij}) \qquad \text{und} \quad AI_P = (y_{ij})$$

Ist $i \in B_k$, so gilt

$$x_{ij} = \sum_{t=1}^{m} d_{it} \frac{1}{|B_t|} \sum_{\substack{r \in B_t \\ s \in B_j}} a_{rs} = \frac{1}{|B_k|} \sum_{\substack{r \in B_k \\ s \in B_j}} a_{rs}$$

und

$$y_{ij} = \sum_{s=1}^{n} a_{is} d_{sj} = \sum_{s \in B_j} a_{is} \ .$$

Also ist $I_P A_P = A I_P$ genau dann, wenn

$$\sum_{s \in B_j} a_{is} = \frac{1}{|B_k|} \sum_{\substack{r \in B_k \\ s \in B_j}} a_{rs}$$

für $j,k = 1,\ldots,m$ und alle $i \in B_k$ gilt, also genau, falls P für A zulässig ist.

b) Sei $A_P = (c_{ij})$, $B_P = (d_{ij})$ und $(AB)_P = (f_{ij})$. Dann gilt

$$\sum_{k=1}^{m} c_{ik} d_{kj} = \sum_{k=1}^{m} \frac{1}{|B_i|} \sum_{\substack{r \in B_i \\ s \in B_k}} a_{rs} \frac{1}{|B_k|} \sum_{\substack{t \in B_k \\ u \in B_j}} b_{tu}$$

$$= \sum_{k=1}^{m} \frac{1}{|B_i|} \sum_{\substack{r \in B_i \\ s \in B_k}} a_{rs} \sum_{u \in B_j} b_{tu} \qquad \begin{array}{l} \text{(für beliebiges } t \in B_k, \\ \text{da } P \text{ für } B \text{ zulässig ist)} \end{array}$$

$$= \frac{1}{|B_i|} \sum_{\substack{r \in B_i \\ u \in B_j}} \sum_{k=1}^{m} \sum_{s \in B_k} a_{rs} b_{su} = f_{ij} \ .$$

c) Dies ist trivial.

d) Sei nun P zulässig für A und B. Dann folgt mit b) und a)

$$I_P (AB)_P = I_P A_P B_P = A I_P B_P = AB I_P \ .$$

Nach a) ist also P für AB zulässig. Die Behauptung für $tA + (1-t)B$ folgt ähnlich.   <u>q.e.d.</u>

10.11 Satz. *Sei* A *eine stochastische Matrix vom Typ* (n,n) *und* P *eine für* A *zulässige Partition mit Inzidenzmatrix* I_P.

a) *Ist*

$$\lim_{k \to \infty} \frac{1}{k} \sum_{i=0}^{k-1} A^i = Q \ ,$$

so gilt

$$\lim_{k \to \infty} \frac{1}{k} \sum_{i=0}^{k-1} (A_P)^i = Q_P \ .$$

b) *Ist* A *gut und* $\lim_{k \to \infty} A^k = P$, *so ist* A_P *gut, und es gilt*

$$\lim_{k \to \infty} (A_P)^k = P_P \ .$$

c) *Ist* A *sehr gut und*

$$\lim_{k \to \infty} A^k = \begin{pmatrix} z \\ \vdots \\ z \end{pmatrix} \ ,$$

so ist

$$\lim_{k \to \infty} (A_P)^k = \begin{pmatrix} zI_P \\ \vdots \\ zI_P \end{pmatrix} \ .$$

Beweis. Ist A gut (sehr gut), so ist A_P wegen 2.7 gut (sehr gut). Die Behauptungen unter a) und b) folgen unmittelbar, da nach 10.10 b)

$$(A_P)^k = (A^k)_P$$

für alle k = 1,2,... gilt. Die Aussage in c) ist ein Spezialfall von b) wegen

$$\left(\sum_{j \in B_1} z_j , \dots , \sum_{j \in B_m} z_j \right) = (z_1, \dots, z_n) I_P = zI_P \ . \qquad \underline{\text{q.e.d.}}$$

Manche stochastischen Prozesse lassen sich dadurch recht gut behandeln, daß man von einem meist sehr einfachen Prozeß ausgeht, dann Kroneckerprodukte bildet und schließlich durch Projektion zu einer geeigneten Partition beim zu betrachtenden Prozeß anlangt. Zur Beschreibung dieses Verfahrens benötigen wir einige einfache kombinatorische Sätze.

162

<u>10.12 Satz</u> (polynomischer Satz).*Im Polynomring von* n *Unbestimmten* $x_1,\ldots,x_n$
   gilt

$$(x_1 + \ldots + x_n)^r = \sum_{r_1 + \ldots + r_n = r} \frac{r!}{r_1! \ldots r_n!} \, x_1^{r_1} \ldots x_n^{r_n} \, .$$

<u>Beweis.</u> Für n = 1 ist die Behauptung trivial, für n = 2 ist sie gerade
der binomische Satz. Allgemein erhalten wir vermöge einer Induktion
nach n

$$(x_1 + \ldots + x_n)^r = \sum_{k_1 + r_n = r} \frac{r!}{k_1! \, r_n!} (x_1 + \ldots + x_{n-1})^{k_1} x_n^{r_n}$$

$$= \sum_{k_1 + r_n = r} \sum_{r_1 + \ldots + r_{n-1} = k_1} \frac{r!}{k_1! \, r_n!} \frac{k_1!}{r_1! \ldots r_{n-1}!} \, x_1^{r_1} \ldots x_n^{r_n}$$

$$= \sum_{r_1 + \ldots + r_n = r} \frac{r!}{r_1! \ldots r_n!} \, x_1^{r_1} \ldots x_n^{r_n} \, . \quad \underline{\text{q.e.d.}}$$

<u>10.13 Hilfssatz.</u> *Es gilt*

$$\left| \{ (r_1, \ldots, r_n) \mid 0 \leqslant r_i \in \mathbb{Z}, \ \sum_{i=1}^{n} r_i = r \} \right| = \binom{n+r-1}{n-1} \, .$$

<u>Beweis.</u> Wir beweisen die Behauptung mittels eines einfachen Abzähl-
verfahrens. Setzen wir $t_i = r_i + 1$, so ist die Mächtigkeit der abzu-
zählenden Menge gleich

$$\left| \{ (t_1, \ldots, t_n) \mid 0 < t_i \in \mathbb{Z}, \ \sum_{i=1}^{n} t_i = n+r \} \right| \, .$$

Dies ist aber offensichtlich gleich der Anzahl der Möglichkeiten, n-1
Kreuze auf die Zwischenräume einer Strecke mit n+r Punkten zu verteilen,

•—•—•×•—•×•—•—•—•×•—•————————————————•×•—•—•

1 2 3   ....   n+r

also gleich der Anzahl der (n-1)-elementigen Teilmengen einer Menge
aus n+r-1 Elementen. Diese Anzahl ist bekanntlich gleich

$$\binom{n+r-1}{n-1} \, . \qquad\qquad\qquad \underline{\text{q.e.d.}}$$

<u>10.14 Definition.</u> a) Sei f eine Abbildung, die jedem $U \in \mathbb{N}_0^r$ ein $f_U \in \mathbb{C}$
zuordnet. Wir nennen f symmetrisch, falls für alle $\pi \in S_r$ und alle
$(u_1, \ldots, u_r) \in \mathbb{N}_0^r$

$$f_{(u_1,\ldots,u_r)} = f_{(u_{1\pi},\ldots,u_{r\pi})}$$

gilt. Dies ist offenbar genau dann der Fall, wenn $\bar{f}$ ein *symmetrisches Polynom* ist, also

$$\bar{f}(x_1,\ldots,x_r) = \bar{f}(x_{1\pi},\ldots,x_{r\pi})$$

für alle $\pi \in S_r$ gilt.

b) Gegeben sei ein stochastischer Prozeß mit der Zustandsmenge $N = \{1,\ldots,n\}$ und der Übergangsmatrix A. Sei f eine Verteilung auf $\mathbb{N}_0^r$. Gemäß 10.4 c) erhalten wir einen neuen stochastischen Prozeß mit Zustandsmenge

$$Z = N^r = \{(i_1,\ldots,i_r) \mid i_j \in N \text{ für } j = 1,\ldots,r\}$$

und der Übergangsmatrix

$$A^{<f>} = \bar{f}(A,\ldots,A) = \sum_{(u_i)\in T_f} f_{(u_1,\ldots,u_r)} \, A^{u_1} \otimes \cdots \otimes A^{u_r} \ .$$

In vielen Fällen interessiert man sich nicht für die genauen Zustände aller r Komponenten (*"Mikrozustand"*), sondern nur dafür, wieviele Komponenten sich in einem bestimmten Zustand befinden (*"Makrozustand"*). Um dies zu erfassen, definieren wir eine *kanonische Partition* :
Wir setzen dazu

$$I_{r,n} = \{(r_1,\ldots,r_n) \mid 0 \leqslant r_i \in \mathbb{Z}, \ \sum_{i=1}^{n} r_i = r\}$$

und bilden für jedes $R = (r_1,\ldots,r_n) \in I_{r,n}$

$$Z_R = \{I \mid I \in Z, \ I \text{ hat genau } r_i \text{ Komponenten mit dem Wert } i;$$
$$i = 1,\ldots,n\} \ .$$

Schließlich setzen wir

$$P = \{Z_R \mid R \in I_{r,n}\} \ .$$

Offenbar ist P eine Partition von Z. Wegen 10.13 besteht P aus $\binom{n+r-1}{n-1}$ Komponenten. Da die Mächtigkeit von Z_R für $R = (r_1,\ldots,r_n) \in I_{r,n}$ durch den Koeffizienten von

$$x_1^{r_1} \cdots x_n^{r_n}$$

in $(x_1 + \ldots + x_n)^r$ gegeben wird, liefert 10.12

$$|Z_R| = \frac{r!}{r_1! \cdots r_n!} \ .$$

__1o.15 Hilfssatz.__ *Ist f eine symmetrische Verteilung auf* $\mathbb{N}_O^{\,r}$, *so ist die in* 10.14 *definierte Partition* P *für* $A^{\langle f \rangle}$ *zulässig.*

__Beweis.__ Seien $I, I' \in Z_R$. Dann gibt es eine Permutation $\pi \in S_r$ mit

$$I' = (i'_1, \ldots, i'_r) = (i_{1\pi}, \ldots, i_{r\pi}) = I\pi .$$

Somit erhalten wir

$$\sum_{J \in Z_S} a_{I'J} = \sum_{J \in Z_S} \sum_{(u_i)} f(u_1, \ldots, u_r)\, a_{i_{1\pi}, j_1}^{(u_1)} \cdots a_{i_{r\pi}, j_r}^{(u_r)}$$

$$= \sum_{J \in Z_S} \sum_{(u_i)} f(u_1, \ldots, u_r)\, a_{i_{1\pi}, j_{1\pi}}^{(u_1)} \cdots a_{i_{r\pi}, j_{r\pi}}^{(u_r)}$$

(da Z_S bei Anwendung von π invariant bleibt)

$$= \sum_{J \in Z_S} \sum_{(u_i)} f(u_{1\pi}, \ldots, u_{r\pi})\, a_{i_{1\pi}, j_{1\pi}}^{(u_{1\pi})} \cdots a_{i_{r\pi}, j_{r\pi}}^{(u_{r\pi})}$$

$$= \sum_{J \in Z_S} \sum_{(u_i)} f(u_1, \ldots, u_r)\, a_{i_1, j_1}^{(u_1)} \cdots a_{i_r, j_r}^{(u_r)}$$

(da $\bar{f}$ ein symmetrisches Polynom ist und das Produkt der $a_{i_k, j_k}^{(u_k)}$ umgeordnet werden kann)

$$= \sum_{J \in Z_S} a_{IJ} . \qquad\qquad \underline{\text{q.e.d.}}$$

__10.16 Satz.__ *Sei f eine symmetrische Verteilung auf* $\mathbb{N}_O^{\,r}$. *Sei A eine stochastische Matrix vom Typ* (n, n) *mit den Eigenwerten* $a_1, \ldots, a_n$. *Dann hat*

$$a_R = \bar{f}(a_{i_1}, \ldots, a_{i_r})$$

für alle $I = (i_1, \ldots, i_r) \in Z_R$ *(siehe* 10.14*) denselben Wert, und die* a_R $(R \in I_{r,n})$ *sind die sämtlichen Eigenwerte von* $A^{\langle f \rangle}_P$.

__Beweis.__ a) Bekanntlich gibt es eine reguläre Matrix $V = (v_{ij})$ und eine untere Dreiecksmatrix $B = (b_{ij})$, sodaß $VAV^{-1} = B$, also $VA = BV$ gilt. Für alle i, k mit $1 \leqslant i, k \leqslant n$ ist dann

$$(1) \qquad \sum_{j=1}^{n} v_{ij}\, a_{jk} = \sum_{r=1}^{i} b_{ir}\, v_{rk} .$$

Bezeichnen wir mit $v_i = (v_{i1}, \ldots, v_{in})$ die Zeilen von V, so besagt dies

$$(2) \qquad v_i A = \sum_{r=1}^{i} b_{ir}\, v_r \; .$$

Wir nummerieren die Eigenwerte von A so, daß $b_{ii} = a_i$ gilt. Für $I = (i_1, \ldots, i_r)$ und $J = (j_1, \ldots, j_r)$ setzen wir

$$v_I = v_{i_1} \otimes \cdots \otimes v_{i_r} \qquad \text{und} \quad a_I{}^J = \prod_{t=1}^{r} a_{i_t}{}^{j_t} \; .$$

Wir setzen ferner $N(I) = \sum_{t=1}^{r} i_t \; .$

Dann ist

$$v_I(A^{j_1} \otimes \cdots \otimes A^{j_r}) = v_{i_1} A^{j_1} \otimes \cdots \otimes v_{i_r} A^{j_r}$$

$$= \left(a_{i_1}{}^{j_1} v_{i_1} + \sum_{t < i_1} c_{i_1, t}\, v_t \right) \otimes \cdots \otimes \left(a_{i_r}{}^{j_r} v_{i_r} + \sum_{t < i_r} c_{i_r, t}\, v_t \right)$$

$$\text{(mit geeigneten } c_{i_s, t})$$

$$= a_I{}^J v_I + \sum_{N(I') < N(I)} c_{I, I', J}\, v_{I'}$$

$$\text{(mit geeigneten } c_{I, I', J}) \; .$$

Also ist

$$(3) \qquad v_I\, A^{\langle f \rangle} = \bar{f}(a_{i_1}, \ldots, a_{i_r})\, v_I + \sum_{N(I') < N(I)} c_{I, I', f}\, v_{I'}$$

$$\text{(mit geeigneten } c_{I, I', f}) \; .$$

Wegen $I_p\, A^{\langle f \rangle}{}_p = A^{\langle f \rangle} I_p$ folgt

$$(4) \qquad v_I\, I_p\, A^{\langle f \rangle}{}_p = \bar{f}(a_{i_1}, \ldots, a_{i_r})\, v_I\, I_p + \sum_{N(I') < N(I)} c_{I, I', f}\, v_{I'}\, I_p \; .$$

b) Es gilt $v_I\, I_p \neq O$ für alle I:

Im Polynomring $\mathbb{C}[y_1, \ldots, y_n]$ bilden wir

$$g_I = \prod_{t=1}^{r} (v_{i_t, 1}\, y_1 + \cdots + v_{i_t, n}\, y_n) \; .$$

Dann ist $g_I \neq 0$, da die Vektoren v_{i_t} alle von 0 verschieden sind und der Polynomring nullteilerfrei ist. Der Koeffizient von g_I zum Monom

$$y_1^{r_1} \ldots y_n^{r_n}$$

ist aber für $R = (r_1, \ldots, r_n)$

$$\sum_{J \in Z_R} \prod_{t=1}^{r} v_{i_t, j_t} = (v_I \, I_P)_R \, ,$$

und dieses ist bei vorgegebenem I für wenigstens ein R ungleich 0.

c) Ist $I' = I\pi$ für ein $\pi \in S_r$, so gilt $v_I \, I_P = v_{I'} \, I_P$; die Vektoren v_I mit $I \in Z_R$ werden also alle auf denselben Vektor $w_R = v_I \, I_P$ projiziert:

Wir setzen $v_{I,J} = \prod_{t=1}^{r} v_{i_t, j_t}$. Dann ist

$$(v_{I'} \, I_P)_S = \sum_{J \in Z_S} v_{I',J} = \sum_{J \in Z_S} \prod_{t=1}^{r} v_{i_{t\pi}, j_t} = \sum_{J \in Z_S} \prod_{t=1}^{r} v_{i_{t\pi}, j_{t\pi}}$$

$$= \sum_{J \in Z_S} \prod_{t=1}^{r} v_{i_t, j_t} = \sum_{J \in Z_S} v_{I,J} = (v_I \, I_P)_S \; .$$

d) Die Vektoren w_R mit $R \in I_{r,n}$ bilden eine Basis des Vektorraumes $\mathbb{C}^{(|P|)}$:

Die v_I mit $I \in Z$ bilden eine Basis von $\mathbb{C}^{(n^r)}$. Da I_P wegen Rang $I_P = |P|$ (siehe 10.9) eine surjektive lineare Abbildung von $\mathbb{C}^{(n^r)}$ auf $\mathbb{C}^{(|P|)}$ bewirkt, bilden die $w_R = v_I \, I_P$ (mit $I \in Z_R$) sicher ein Erzeugendensystem von $\mathbb{C}^{(|P|)}$. Aus Anzahlgründen bilden sie aber dann eine Basis.

e) Nach Definition der Z_R gilt für $I, I' \in Z_R$ offenbar

$$\sum_{t=1}^{r} i_t = \sum_{t=1}^{r} i'_t \, ,$$ also auch $N(I) = N(I')$. Wir können daher $M(R)$ definieren durch $M(R) = N(I)$ für $I \in R$. Dann lautet Gleichung (4) schließlich

$$w_R \, A^{\langle f \rangle}{}_P = \bar{f}(a_{i_1}, \ldots, a_{i_r}) \, w_R + \sum_{M(S) < M(R)} c_{R,S,f} \, w_S \; .$$

Dies zeigt, daß die

$$a_R = \bar{f}(a_{i_1}, \ldots, a_{i_r})$$

gerade die Eigenwerte von $A^{\langle f \rangle}{}_P$ sind. q.e.d.

__10.17 Satz.__ *Sei f eine symmetrische Verteilung auf* $\mathbb{N}_O^{\,r}$ *mit* Grad $\bar{f} \geq 1$.

a) *Ist A gut und* $\lim\limits_{k \to \infty} A^k = P$, *so ist*

$$\lim\limits_{k \to \infty} (A^{\langle f \rangle}{}_P)^k = (P^{\otimes r})_P \; .$$

b) *Ist z ein Zeilenvektor mit* zA = z $\neq$ O, *so gilt*

$$z^{\otimes r} \; I_P \; A^{\langle f \rangle}{}_P = z^{\otimes r} \; I_P \neq O \; .$$

Ist $z = (z_1, \ldots, z_n)$, *so ist dabei*

$$(z^{\otimes r} \; I_P)_R = \frac{r!}{r_1! \; \cdots \; r_n!} \prod_{i=1}^{n} z_i^{\,r_i}$$

für $R = (r_1, \ldots, r_n)$.

c) *Ist A sehr gut und*

$$\lim\limits_{k \to \infty} A^k = \begin{pmatrix} z \\ \vdots \\ z \end{pmatrix} ,$$

so ist

$$\lim\limits_{k \to \infty} (A^{\langle f \rangle}{}_P)^k = \begin{pmatrix} z^{\otimes r} \; I_P \\ \vdots \\ z^{\otimes r} \; I_P \end{pmatrix} .$$

d) *Ist* Grad $\bar{f} = 1$ *und*

$$\lim\limits_{k \to \infty} \frac{1}{k} \sum_{i=0}^{k-1} A^i = Q \; ,$$

so gilt

$$\lim\limits_{k \to \infty} \frac{1}{k} \sum_{i=0}^{k-1} (A^{\langle f \rangle}{}_P)^i = (Q^{\otimes r})_P \; .$$

e) *Ist 1 einfacher Eigenwert von* $A^{\langle f \rangle}{}_P$, *so gilt für den Vektor* $z = (z_1, \ldots, z_n)$ *mit* zA = z *und* $\sum\limits_{i=1}^{n} z_i = 1$

$$\lim\limits_{k \to \infty} \frac{1}{k} \sum_{i=0}^{k-1} (A^{\langle f \rangle}{}_P)^i = \begin{pmatrix} z^{\otimes r} \; I_P \\ \vdots \\ z^{\otimes r} \; I_P \end{pmatrix} .$$

<u>Beweis.</u> Wegen 10.15 ist P zulässig für $A^{\langle f \rangle}$.

a) Dies folgt nun aus 10.11 b) und 10.7 a). (Man beachte dazu, daß in dem symmetrischen Polynom $\bar{f}$ mit Grad $\bar{f} \geq 1$ keine Variable fehlt.)

b) Es gilt

$$z^{\otimes r} (A^{s_1} \otimes \cdots \otimes A^{s_r}) = zA^{s_1} \otimes \cdots \otimes zA^{s_r} = z^{\otimes r} .$$

Also folgt auch

$$z^{\otimes r} A^{\langle f \rangle} = z^{\otimes r} .$$

Das liefert wegen 10.10 a)

$$z^{\otimes r} I_P = z^{\otimes r} A^{\langle f \rangle} I_P = (z^{\otimes r} I_P) A^{\langle f \rangle}_P .$$

Dabei ist für $R = (r_1, \ldots, r_n) \in I_{r,n}$

$$(z^{\otimes r} I_P)_R = \sum_{I \in Z_R} z_{i_1} \cdots z_{i_r} = \frac{r!}{r_1! \cdots r_n!} \prod_{i=1}^{n} z_i^{r_i} .$$

Ist $z \neq 0$, so folgt also $z^{\otimes r} I_P \neq 0$.

c) Die Behauptung folgt sofort aus a).

d) Ist Grad $\bar{f} = 1$, so folgt die Behauptung mit 10.11 a) und 10.7 c).

e) Ist 1 einfacher Eigenwert von $A^{\langle f \rangle}_P$, so gilt nach 3.5 c)

$$\lim_{k \to \infty} \frac{1}{k} \sum_{i=0}^{k-1} (A^{\langle f \rangle}_P)^i = \begin{pmatrix} \tilde{z}_1 & \cdots & \tilde{z}_m \\ \vdots & \ddots & \vdots \\ \tilde{z}_1 & \cdots & \tilde{z}_m \end{pmatrix}$$

mit $m = |P| = \binom{n+r-1}{n-1}$, wobei $\tilde{z} = (\tilde{z}_1, \ldots, \tilde{z}_m)$ durch $\tilde{z} A^{\langle f \rangle}_P = \tilde{z}$ und $\sum_{i=1}^{m} \tilde{z}_i = 1$ eindeutig bestimmt ist. Nach b) ist aber

$$(z^{\otimes r} I_P) A^{\langle f \rangle}_P = z^{\otimes r} I_P ,$$

und die Komponentensumme von $z^{\otimes r} I_P$ ist

$$\sum_{r_1 + \ldots + r_n = r} \frac{r!}{r_1! \cdots r_n!} \prod_{i=1}^{n} z_i^{r_i} = (z_1 + \ldots + z_n)^r = 1 .$$

Also folgt

$$\lim_{k \to \infty} \frac{1}{k} \sum_{i=0}^{k-1} (A^{\langle f \rangle}_P)^i = \begin{pmatrix} z^{\otimes r} I_P \\ \vdots \\ z^{\otimes r} I_P \end{pmatrix}$$

<u>q.e.d.</u>

<u>10.18 Beispiele.</u> a) Wir betrachten im folgenden den Spezialfall n = 2 mit

$$A = \begin{pmatrix} 1-p & p \\ q & 1-q \end{pmatrix} .$$

Für p+q > 0 ist

$$Q = \lim_{k \to \infty} \frac{1}{k} \sum_{i=0}^{k-1} A^i = \begin{pmatrix} \dfrac{q}{p+q} & \dfrac{p}{p+q} \\[2mm] \dfrac{q}{p+q} & \dfrac{p}{p+q} \end{pmatrix} .$$

Ist sogar 0 < p+q < 2, so ist A sehr gut und $Q = \lim\limits_{k \to \infty} A^k$.

Die Partition P aus 10.14 ist hier sehr einfach zu beschreiben, sie hat die Gestalt

$$P = \{ Z_{(s,r-s)} \mid s = 0, \dots, r \} .$$

Im folgenden setzen wir $Z_s = Z_{(s,r-s)}$ und für eine symmetrische Verteilung f

$$\tilde{A} = A^{<f>}{}_P = (\tilde{a}_{st}) \qquad \text{mit } s,t = 0, \dots, r .$$

Wann immer die Matrix $A^{<f>}{}_P$ den Eigenwert 1 mit Vielfachheit 1 hat, gilt nach 10.17 e)

$$\lim_{k \to \infty} \frac{1}{k} \sum_{i=0}^{k-1} (A^{<f>}{}_P)^i = \begin{pmatrix} \tilde{z}_0 & \cdots & \tilde{z}_r \\ \vdots & \ddots & \vdots \\ \tilde{z}_0 & \cdots & \tilde{z}_r \end{pmatrix}$$

mit

$$\tilde{z}_i = \binom{r}{i} \frac{p^{r-i} q^i}{(p+q)^r} .$$

Ist sogar 0 < p+q < 2, also A sehr gut, so folgt mit 10.17 c)

$$\lim_{k \to \infty} (A^{<f>}{}_P)^k = \begin{pmatrix} \tilde{z}_0 & \cdots & \tilde{z}_r \\ \vdots & \ddots & \vdots \\ \tilde{z}_0 & \cdots & \tilde{z}_r \end{pmatrix} .$$

b) Die Koeffizienten der Matrizen $A^{<f>} = (a_{IJ})$ und $A^{<f>}{}_P = (\tilde{a}_{ij})$ lassen sich nur selten in übersichtlicher Weise beschreiben. Wir behandeln hier zunächst nur den Fall

$$\bar{f} = \frac{1}{r} (x_1 + \dots + x_r) ,$$

in dem sich also in jedem Einzelschritt nur eine Komponente ändern kann. (Andere Fälle werden wir in 10.19 und 10.20 betrachten.) Für $I \in Z_s$ ist nun

$$a_{II} = \frac{1}{r} \sum_{t=1}^{r} a_{i_t,i_t} = \frac{1}{r}\,(s(1-p) + (r-s)(1-q)) = 1 - \frac{(r-s)q}{r} - \frac{sp}{r}\,,$$

$$a_{IJ} = \frac{1}{r}\, a_{i_t,j_t}\,, \quad \text{falls sich } I \text{ und } J \text{ nur in der t-ten Komponente unterscheiden,}$$

$$a_{IJ} = O \text{ sonst.}$$

Das zeigt

$$\tilde{a}_{s,t} = O \quad \text{für } |s-t| \geqslant 2\,,$$

$$\tilde{a}_{s,s+1} = \sum_{J \in Z_{s+1}} a_{IJ} = \sum_{J \in Z_{s+1}} \frac{1}{r}\, a_{i_t,j_t} = \frac{(r-s)q}{r}$$

(genau eine der r-s Komponenten 2 in I geht in 1 über, das bringt jeweils den Summanden $\frac{1}{r}\, a_{21} = \frac{q}{r}$),

$$\tilde{a}_{s,s-1} = \sum_{J \in Z_{s-1}} a_{IJ} = \frac{sp}{r}$$

(genau eine der s Komponenten 1 in I geht in 2 über, das bringt jeweils $\frac{1}{r}\, a_{12} = \frac{p}{r}$),

$$\tilde{a}_{s,s} = 1 - \tilde{a}_{s,s+1} - \tilde{a}_{s,s-1} = 1 - \frac{(r-s)q}{r} - \frac{sp}{r}\,.$$

Wir erhalten also die Jacobi-Matrix

$$A^{<f>}{}_p = \begin{pmatrix} 1-q & q & O & & & \\ \frac{p}{r} & * & \frac{(r-1)q}{r} & & & \\ O & \frac{2p}{r} & * & & & \\ & & & \ddots & & \frac{q}{r} \\ & & & & p & 1-p \end{pmatrix}\,.$$

<u>10.19 Beispiel.</u> Wir verallgemeinern das Modell zur *Ehrenfest-Diffusion* aus 5.5 b):

In einem Zweikammernsystem befinden sich r Moleküle derselben Art. In der Zeiteinheit mögen genau m Moleküle ($1 \leqslant m < r$) die Kammer wechseln. Das Verhalten eines Moleküls, das die Kammer wechselt, wird durch die Matrix

$$A = \begin{pmatrix} O & 1 \\ 1 & O \end{pmatrix}$$

beschrieben. Ist

$$\bar{f}_m = \frac{1}{\binom{r}{m}} \sum_{(i_j)} x_{i_1} \cdots x_{i_m} \ ,$$

wobei über alle m-elementigen Teilmengen von $\{1,\ldots,r\}$ zu summieren ist, so beschreibt $A^{<f_m>}$ das Verhalten der r Moleküle, wenn diese unterschieden werden ("*Mikrozustand*"). Die Matrix $A^{<f_m>}_p$ beschreibt das Verhalten des Systems, wenn wir von der Individualität der Moleküle absehen und nur noch abzählen, wieviele Moleküle sich in der ersten Kammer befinden ("*Makrozustand*").

a) Wir bestimmen die Einträge dieser beiden Matrizen:
Die Einträge a_{IJ} der Matrix $A^{h_1} \otimes \cdots \otimes A^{h_r}$ mit $h_i \in \{0,1\}$ sind

1 genau dann, wenn $i_t = j_t \qquad$ für $h_t = 0$

$$i_t \neq j_t \qquad \text{für } h_t = 1 \ ,$$

O sonst.
Die Einträge der Matrix $A^{<f_m>}$ sind daher

$\dfrac{1}{\binom{r}{m}}$ falls sich I und J in genau m Komponenten unterscheiden

O sonst.
Die Einträge der Matrix $A^{<f_m>}_p$ sind somit

$$\tilde{a}_{s,(s-j)+(m-j)} = \frac{\binom{s}{j}\binom{r-s}{m-j}}{\binom{r}{m}} \qquad (0 \leq j \leq m) \ ;$$

denn für einen Übergang mit positiver Wahrscheinlichkeit sind m Komponenten abzuändern, dabei kann man j Komponenten aus den s Komponenten auswählen, die sich im Zustand 1 befinden und in den Zustand 2 übergehen sollen, andererseits müssen dann m-j der r-s möglichen Komponenten vom Zustand 2 in den Zustand 1 übergehen.

b) Setzen wir m = 1, so erhalten wir

$$\tilde{a}_{s,s+1} = \frac{r-s}{r} \qquad\qquad \text{für } 0 \leq s < r$$

$$\tilde{a}_{s,s-1} = \frac{s}{r} \qquad\qquad \text{für } 0 < s \leq r \ ,$$

entsprechend den Überlegungen in 5.5 b) oder 10.18 b).

c) Wir bestimmen die Eigenwerte von $A^{\langle f_m \rangle}{}_p$. Diese sind nach 10.16 die

$$a_s = \bar{f}_m(\underbrace{-1,\ldots,-1}_{s},\underbrace{1,\ldots,1}_{r-s}) = \sum_{j=0}^{s} \frac{\binom{s}{j}\binom{r-s}{m-j}}{\binom{r}{m}} (-1)^j \quad (s = 0,\ldots,r).$$

Dabei ist offenbar

$$a_0 = \bar{f}_m(1,\ldots,1) = 1 \quad \text{und} \quad a_r = \bar{f}_m(-1,\ldots,-1) = (-1)^m .$$

Für $0 < s < r$ und $0 < m < r$ treten positive und negative Summanden in a_s auf, also gilt

$$-1 < a_s < 1 \qquad \text{für } 0 < s < r \qquad \text{und } 0 < m < r .$$

Für ungerades m ist somit 1 einfacher Eigenwert von $A^{\langle f_m \rangle}{}_p$, und diese Matrix ist nicht gut. Für gerades m ist hingegen 1 zweifacher Eigenwert der guten Matrix $A^{\langle f_m \rangle}{}_p$.
Sei

$$Z_g = \bigcup_{s \text{ gerade}} Z_s \qquad \text{und} \qquad Z_u = \bigcup_{s \text{ ungerade}} Z_s .$$

Ist m gerade, so liefert die Partition $\{Z_g, Z_u\}$ eine Zerlegung der Matrizen $A^{\langle f_m \rangle}$ und $A^{\langle f_m \rangle}{}_p$. Ist m ungerade, so pendelt man zwischen den Zuständen aus Z_g und Z_u hin und her.

d) Wir haben jetzt genügend Information, um die Grenzwerte zu bestimmen:

Ist m ungerade, so ist 1 einfacher Eigenwert von $A^{\langle f_m \rangle}{}_p$, also gilt nach 10.17 e) und b)

$$\lim_{k \to \infty} \frac{1}{k} \sum_{i=0}^{k-1} (A^{\langle f_m \rangle}{}_p)^i = \begin{pmatrix} \tilde{z}_0 & \cdots & \tilde{z}_r \\ \vdots & & \vdots \\ \tilde{z}_0 & \cdots & \tilde{z}_r \end{pmatrix}$$

mit

$$\tilde{z}_i = \binom{r}{i} 2^{-r} .$$

Ist dagegen m gerade, so gilt bei geeigneter Anordnung der Zustände

$$A^{\langle f_m \rangle} = \begin{pmatrix} A_1 & O \\ O & A_2 \end{pmatrix},$$

die Eigenwerte von $A^{\langle f_m \rangle}$ sind nach 10.5 a) die

$$\bar{f}_m(a_1,\ldots,a_r) \qquad \text{mit } a_i \in \{1,-1\} .$$

Darunter tritt 1 genau zweimal auf, alle anderen Eigenwerte sind dem Betrage nach kleiner als 1. Somit sind A_1 und A_2 sehr gute Matrizen.

Die angegebene Gestalt der Komponenten von $A^{<f_m>}$ zeigt, daß diese Matrix symmetrisch ist, also sind A_1 und A_2 doppelt stochastisch. Daher gilt

$$\lim_{k\to\infty}(A^{<f_m>})^k = \begin{pmatrix} P & O \\ O & P \end{pmatrix},$$

wobei alle Einträge von P gleich $\dfrac{1}{2^{r-1}}$ sind.

Setzen wir $\lim\limits_{k\to\infty}(A^{<f_m>}_P)^k = (\tilde{p}_{s,t})$, so ergibt sich schließlich

$$\tilde{p}_{s,t} = \begin{cases} \begin{pmatrix} r \\ t \end{pmatrix} 2^{1-r} & \text{falls } s \equiv t \quad (\text{mod } 2) \\ \\ O & \text{sonst.} \end{cases}$$

10.20 Beispiele. a) Nun betrachten wir den Fall $n = 2$ und

$$\bar{f} = x_1 \, x_2 \, \cdots \, x_r \, ,$$

also $A^{<f>} = A^{\otimes r}$.

Um die Konvergenzsätze anwenden zu können, setzen wir voraus, daß A sehr gut ist, also

$$A = \begin{pmatrix} 1-p & p \\ q & 1-q \end{pmatrix} \qquad \text{mit } O < p+q < 2 \ .$$

Nach 1.5 gilt

$$\lim_{k\to\infty} A^k = \frac{1}{p+q} \begin{pmatrix} q & p \\ q & p \end{pmatrix} \ .$$

Der stochastische Prozeß mit der Matrix $A^{\otimes r}$ hat dann 2^r Zustände, und die Matrix $(A^{\otimes r})_P$ hat den Typ $(r+1, r+1)$. Da

$$I_{r,2} = \{(i, r-i) \mid i = O, \ldots, r\}$$

ist, setzen wir $z_i = z_{(i,r-i)}$ und

$$(A^{\otimes r})_P = \tilde{A} = (\tilde{a}_{ij}) \qquad \text{mit } \tilde{a}_{ij} = \tilde{a}_{(i,r-i),(j,r-j)} \ .$$

Dann ist

$$\lim_{k\to\infty} \tilde{A}^k = \begin{pmatrix} \tilde{z} \\ \vdots \\ \tilde{z} \end{pmatrix}$$

mit $\tilde{z}_i = \tilde{z}_{(i,r-i)}$.

Für die Koeffizienten $\tilde{a}_{ij}$ gilt

$$(1) \quad \tilde{a}_{ij} = \sum_{s=0}^{i} \binom{i}{s} \binom{r-i}{j-s} (1-p)^s \, p^{i-s} \, q^{j-s} \, (1-q)^{r+s-i-j} :$$

Die Koeffizienten von $A^{\otimes r}$ haben nämlich die Gestalt

$$a_{I,J} = (1-p)^s \, p^{i-s} \, q^{j-s} \, (1-q)^{r+s-i-j} \, ,$$

falls $I = (i_1, \ldots, i_r) \in Z_i$, $\quad J = (j_1, \ldots, j_r) \in Z_j$

und

$$s = |\{t|\ i_t = j_t = 1\}| \ .$$

Dann ist

$$\tilde{a}_{ij} = \tilde{a}_{(i,r-i),(j,r-j)} = \sum_{J \in Z_j} a_{I,J} \ .$$

Sei

$$I_1 = \{t|\ i_t = 1\}, \qquad I_2 = \{t|\ i_t = 2\}$$

sowie

$$J_1 = \{t|\ j_t = 1\} \ .$$

Dann ist

$$J_1 = (J_1 \cap I_1) \cup (J_1 \cap I_2) \ .$$

Es gibt für ein Paar $(J_1 \cap I_1, J_1 \cap I_2)$ mit $|J_1 \cap I_1| = s$ und $|J_1 \cap I_2| = j-s$ genau

$$\binom{i}{s} \binom{r-i}{j-s}$$

Möglichkeiten. Somit folgt

$$\tilde{a}_{ij} = \sum_{s=0}^{i} \binom{i}{s} \binom{r-i}{j-s} (1-p)^s \, p^{i-s} \, q^{j-s} \, (1-q)^{r+s-i-j} \ .$$

Für die Komponenten von $\tilde{z} = (\tilde{z}_0, \ldots, \tilde{z}_r)$ gilt nach 10.17 b)

$$\tilde{z}_i = \binom{r}{i} \frac{q^i \, p^{r-i}}{(p+q)^r} \ .$$

b) Wir greifen nochmals Beispiel 7.9 auf. Eine intakte Maschine wird mit Wahrscheinlichkeit p (0 < p < 1) defekt, eine defekte Maschine mit Wahrscheinlichkeit $q = 1$ repariert. Also ist

$$A = \begin{pmatrix} 1-p & p \\ 1 & 0 \end{pmatrix} .$$

Alle Summanden in der Formel (1) für $\tilde{a}_{ij}$ mit $r+s-i-j > 0$ verschwinden, es bleibt nur der Term mit $s = i+j-r$, und wir erhalten

$$\tilde{a}_{ij} = \begin{pmatrix} i \\ r-j \end{pmatrix} (1-p)^{i+j-r} \, p^{r-j} \, ,$$

in Übereinstimmung mit 7.9. Weiter erhalten wir wie damals

$$\tilde{z}_i = \begin{pmatrix} r \\ i \end{pmatrix} \frac{p^{r-i}}{(1+p)^r} .$$

Da A nun die Eigenwerte $1,-p$ hat, sind die Eigenwerte von $(A^{\otimes r})_p$ nach 10.16 die $(-p)^i$ mit $0 \leqslant i \leqslant r$.

c) Gegeben sei ein Zweikammernsystem, in dem sich r gleichartige Moleküle befinden. Jedes Molekül wechsele in der Zeiteinheit die Kammer mit Wahrscheinlichkeit p $(0 < p < 1)$ und verbleibe in der Kammer mit Wahrscheinlichkeit $1-p$. Das liefert die Übergangsmatrix

$$A = \begin{pmatrix} 1-p & p \\ p & 1-p \end{pmatrix} .$$

Die Matrix $A^{\otimes r}$ beschreibt das Verhalten der r Moleküle, wenn diese als unterscheidbar (etwa numeriert) betrachtet werden (*mikroskopisches Modell*). Die Matrix $(A^{\otimes r})_p$ beschreibt das Verhalten, wenn wir von der Individualität der Moleküle absehen und nur noch abzählen, wieviele Moleküle sich in der ersten Kammer befinden (*makroskopisches Modell*). Der Zustand $Z_{(i,r-i)}$ liegt also vor, wenn sich genau i Moleküle in der ersten Kammer befinden. Es gilt dann

$$\tilde{a}_{ij} = p^{i+j} (1-p)^{r-i-j} \sum_{s=0}^{i} \begin{pmatrix} i \\ s \end{pmatrix} \begin{pmatrix} r-i \\ j-s \end{pmatrix} \left(\frac{1-p}{p} \right)^{2s}$$

und

$$\tilde{z}_i = \begin{pmatrix} r \\ i \end{pmatrix} \frac{1}{2^r} \qquad\qquad \text{für } i = 0,\ldots,r \, .$$

Das letzte Ergebnis stimmt also mit dem aus Beispiel 5.5 b) (*Ehrenfest-Diffusion*) überein. Man beachte aber, daß wir hier einen ganz anderen Elementarprozeß haben und daß im vorliegenden Falle Konvergenz eintritt.

Zur Behandlung von Beispiel 10.22 beweisen wir einen Hilfssatz.

10.21 Hilfssatz. *Sei* $f: [0,\infty) \to \mathbb{R}$ *eine stetige, beschränkte, nichtnegative Funktion. Das Integral* $\int_0^\infty f(x)\, dx$ *existiere. Das Maximum*

$$M = \text{Max } \{f(x) \mid x \in [0,\infty)\}$$

werde an genau einer Stelle x_0 *angenommen, und* f *sei im Bereich* $[0,x_0]$ *monoton wachsend und im Bereich* $[x_0,\infty)$ *monoton fallend. Dann gilt*

$$\int_0^\infty f(x)\, dx - M \leq \sum_{i=0}^\infty f(i) \leq \int_0^\infty f(x)\, dx + M .$$

Beweis. Wir setzen

$$i_n = \int_{n-1}^{n} f(x)\, dx$$

für alle natürlichen Zahlen n. Sei die natürliche Zahl n_0 so bestimmt, daß $x_0 \in [n_0, n_0+1]$ ist. Dann gilt

$$i_n \leq f(n) \qquad \text{für } 0 \leq n \leq n_0$$

und

$$i_{n+1} \leq f(n) \qquad \text{für } n \geq n_0 + 1 .$$

Offenbar ist auch $i_{n_0+1} \leq M$. Das zeigt

$$\int_0^\infty f(x)\, dx = \sum_{n=1}^\infty i_n \leq \sum_{n=1}^\infty f(n) + M \leq \sum_{n=0}^\infty f(n) + M ,$$

womit die eine Ungleichung bewiesen ist. Andererseits gilt

$$f(n) \leq i_{n+1} \qquad\qquad \text{für } n < n_0$$

und

$$f(n) \leq i_n \qquad\qquad \text{für } n > n_0 + 1 .$$

Weiterhin ist

$$\text{Min } \{f(n_0),\, f(n_0+1)\} \leq i_{n_0+1}$$

und

$$\text{Max } \{f(n_0),\, f(n_0+1)\} \leq M .$$

Somit erhalten wir

$$\sum_{n=0}^\infty f(n) \leq \sum_{n=1}^\infty i_n + M \qquad \int_0^\infty f(x)\, dx + M . \qquad\qquad \text{q.e.d.}$$

10.22 Beispiel. Wir studieren ein Modell, das den *Zerfall radioaktiver Substanzen* beschreibt. Der Zustand 1 liege vor, solange ein Atom radioaktiv ist, nach dem Zerfall in nicht radioaktive Bestandteile liege der Zustand 2 vor. Ein Zerfall eines einzelnen Atoms erfolge in der Zeiteinheit mit Wahrscheinlichkeit p (O < p < 1). Das liefert die Übergangsmatrix

$$A = \begin{pmatrix} 1-p & p \\ O & 1 \end{pmatrix} .$$

Die Matrix $\tilde{A} = (A^{\otimes r})_p$ beschreibt dann das Zerfallsverhalten von r nicht unterscheidbaren Atomen, wobei im Zustande i genau i radioaktive Atome noch vorhanden seien. Für die Koeffizienten $\tilde{a}_{ij}$ $(i,j = 0,\ldots,r)$ von $\tilde{A}$ erhalten wir nach 10.20 a)

$$\tilde{a}_{ij} = \begin{pmatrix} i \\ j \end{pmatrix} (1-p)^j \, p^{i-j} .$$

Somit hat $\tilde{A}$ die Gestalt

$$\tilde{A} = \begin{pmatrix} 1 & O & \cdots & O \\ p & 1-p & \cdots & O \\ p^2 & 2p(1-p) & \cdots & O \\ \vdots & \vdots & & \vdots \\ p^r & \begin{pmatrix} r \\ 1 \end{pmatrix} p^{r-1}(1-p) & \cdots & (1-p)^r \end{pmatrix} .$$

Natürlich gilt

$$\lim_{k\to\infty} \tilde{A}^k = \begin{pmatrix} 1 & O & \cdots & O \\ \vdots & \vdots & & \vdots \\ 1 & O & \cdots & O \end{pmatrix} ,$$

schließlich sind alle Atome zerfallen. Interessant sind hier nur die *mittleren Übergangszeiten* zum absorbierenden Zustand, also die Erwartungswerte für die Zeit bis zum vollständigen Zerfall aller Atome. Wir setzen zur Abkürzung

$$t_k = t_{k,O} \qquad \text{und } q = 1-p .$$

Dann gilt nach 9.3 c)

$$(1) \qquad t_k = 1 + \sum_{i=1}^{k} \tilde{a}_{ki} t_i = 1 + \sum_{i=1}^{k} \begin{pmatrix} k \\ i \end{pmatrix} q^i p^{k-i} t_i \qquad \text{für } k = 1,\ldots,r .$$

Man beachte, daß man mit diesen Gleichungen die t_k rekursiv berechnen kann und daß die Größe r in den Gleichungen für die t_k mit k < r nicht mehr vorkommt.

Wir geben eine geschlossene Lösung an:

178

$$(2) \quad t_k = \sum_{j=1}^{k} \binom{k}{j} \frac{(-1)^{j-1}}{1 - q^j} \qquad\qquad \text{für } k \geqslant 1 .$$

Es genügt der Nachweis, daß dies eine Lösung von (1) ist, denn wegen
der rekursiven Gestalt des Gleichungssystems (1) ist die Lösung eindeutig bestimmt.
Es ist

$$1 + \sum_{i=1}^{k} \binom{k}{i} q^i p^{k-i} t_i$$

$$= 1 + \sum_{i=1}^{k} \sum_{j=1}^{i} \binom{k}{i} \binom{i}{j} q^i p^{k-i} \frac{(-1)^{j-1}}{1 - q^j}$$

$$= 1 + \sum_{j=1}^{k} \frac{(-1)^{j-1}}{1 - q^j} \sum_{i=j}^{k} \binom{k}{i} \binom{i}{j} q^i p^{k-i}$$

$$= 1 + \sum_{j=1}^{k} \frac{(-1)^{j-1}}{1 - q^j} q^j \sum_{i=0}^{k-j} \binom{k}{i+j} \binom{i+j}{j} q^i p^{k-i-j}$$

$$= 1 + \sum_{j=1}^{k} \frac{(-1)^{j-1} q^j}{1 - q^j} \binom{k}{j} \qquad\qquad \text{(siehe unten)}$$

$$= 1 + \sum_{j=1}^{k} \binom{k}{j} (-1)^{j-1} \left(\frac{q^j - 1}{1 - q^j} + \frac{1}{1 - q^j} \right)$$

$$= 1 + \sum_{j=1}^{k} \binom{k}{j} (-1)^j + \sum_{j=1}^{k} \binom{k}{j} \frac{(-1)^{j-1}}{1 - q^j}$$

$$= \sum_{j=1}^{k} \binom{k}{j} \frac{(-1)^{j-1}}{1 - q^j} = t_k .$$

Dabei wurde verwendet

$$\sum_{i=0}^{k-j} \frac{k!}{(i+j)! \, (k-i-j)!} \frac{(i+j)!}{j! \, i!} q^i p^{k-j-i}$$

$$= \sum_{i=0}^{k-j} \frac{k!}{j! \, (k-j)!} \frac{(k-j)!}{i! \, (k-j-i)!} q^i p^{k-j-i} = \binom{k}{j} (p+q)^{k-j} = \binom{k}{j} .$$

Da diese Lösung recht unhandlich und wegen der alternierenden Vorzei-
chen schlecht abzuschätzen ist, formen wir sie ein wenig um:

$$t_k = \sum_{j=1}^{k} \binom{k}{j} (-1)^{j-1} \left(\sum_{m=0}^{\infty} q^{jm} \right)$$

$$(3) \qquad = \sum_{m=0}^{\infty} \left(- \sum_{j=1}^{k} \binom{k}{j} (-q^m)^j \right) =$$

$$= \sum_{m=0}^{\infty} (1 - (1 - q^m)^k) \ .$$

Setzen wir $d_k = t_k - t_{k-1}$ für $k > 1$ und $d_1 = t_1$, so folgt

$$(4) \qquad d_k = \sum_{m=0}^{\infty} ((1-q^m)^{k-1} - (1-q^m)^k)$$

$$= \sum_{m=0}^{\infty} (1-q^m)^{k-1} q^m \qquad\qquad \text{für } k \geq 1 \ .$$

Mit Hilfe von 10.21 schätzen wir diese Summe durch ein Integral nach unten und oben ab:

Sei $c_k(x) = (1-x)^{k-1}x$. Dann hat c_k im Intervall $[0,1]$ genau ein Maximum, dieses liegt an der Stelle $\frac{1}{k}$. (Für $k = 1$ ist das trivial, für $k > 1$ betrachte man die erste Ableitung von c_k.)
Sei

$$f_k(x) = (1 - q^x)^{k-1} q^x \ .$$

Dann hat f_k im Bereich $[0,\infty)$ nach der eben getroffenen Feststellung genau ein Maximum bei

$$q^{x_k} = \frac{1}{k}, \qquad \text{also bei } x_k = - \frac{\log k}{\log q} \ .$$

Für alle x ist dann

$$f_k(x) \leq f_k(x_k) = (1 - \tfrac{1}{k})^{k-1} \tfrac{1}{k} \leq \tfrac{1}{k} \ .$$

Setzen wir $g(x) = 1 - q^x$, so ist $g'(x) = - q^x \log q$.
Das zeigt

$$\int_0^{\infty} f_k(x) \, dx = \int_0^{\infty} g(x)^{k-1} g'(x) \frac{1}{-\log q} \, dx$$

$$= \int_0^1 \frac{y^{k-1}}{-\log q} \, dy = \frac{1}{-k \log q} \ .$$

Somit erhalten wir mit 10.21 die Ungleichung

$$(5) \qquad \tfrac{1}{k} \left(\frac{1}{-\log q} - 1 \right) \leq d_k \leq \tfrac{1}{k} \left(\frac{1}{-\log q} + 1 \right) \qquad\qquad \text{für alle } k \geq 1 \ .$$

Aus der Definition von d_k folgt dann

$$(6) \qquad \sum_{i=1}^{k} \tfrac{1}{i} \Big) \left(\frac{1}{\log \frac{1}{q}} - 1 \right) \leq t_k \leq \left(\sum_{i=1}^{k} \tfrac{1}{i} \right) \left(\frac{1}{\log \frac{1}{q}} + 1 \right) \ .$$

Wegen

$$\log(k+1) = \int_1^{k+1} \frac{dx}{x} \leqslant \sum_{i=1}^{k} \frac{1}{i} \leqslant 1 + \int_1^{k} \frac{dx}{x} = 1 + \log k$$

ergibt sich schließlich

$$(7) \qquad \log(k+1) \left(\frac{1}{\log \frac{1}{q}} - 1 \right) \leqslant t_k \leqslant (1 + \log k) \left(\frac{1}{\log \frac{1}{q}} + 1 \right) .$$

Dies zeigt deutlich, daß die mittlere Zerfallzeit *logarithmisch* von der Anzahl der noch vorhandenen radioaktiven Atome abhängt, daß also die Anzahl der noch nicht zerfallenen Atome exponentiell mit der Zeit abnimmt. Damit haben wir das bekannte Gesetz für den radioaktiven Zerfall aus unserem diskreten Modell hergeleitet.

Sind zur Zeit t genau k radioaktive Teilchen vorhanden, so ist der "Erwartungswert" für die Zahl der radioaktiven Teilchen zur Zeit t+1 gleich

$$\sum_{i=1}^{k} i \, \tilde{a}_{ki} = \sum_{i=1}^{k} i \binom{k}{i} q^i p^{k-i} = k \sum_{i=1}^{k} \binom{k-1}{i-1} q^i p^{k-i}$$

$$= k \sum_{i=0}^{k-1} \binom{k-1}{i} q^{i+1} p^{k-1-i} = kq \, (p+q)^{k-1} = kq = k(1-p) .$$

Das liefert die Begründung für den üblichen Ansatz

$$y'(t) = - py(t) ,$$

wobei y(t) die radioaktive Masse zur Zeit t ist.

<u>10.23 Bemerkung.</u> Wir wollen einen Weg andeuten, wie man die Formel (3) für die t_k finden kann:

Dazu führen wir die Potenzreihe

$$u(x) = \sum_{i=1}^{\infty} \frac{t_i}{i!} x^i$$

ein. Die Gleichungen

$$(1') \qquad \frac{t_k}{k!} = \frac{1}{k!} + \sum_{i=1}^{k} \frac{q^i}{i!} t_i \frac{p^{k-i}}{(k-i)!}$$

kann man dann zusammenfassen zu der Funktionalgleichung

$$u(x) + 1 = e^x + u(qx) \, e^{px} .$$

Durch wiederholte Verwendung dieser Gleichung erhält man für alle k

$$u(x) = e^x - 1 + u(qx)e^{px}$$

$$= e^x - 1 + (e^{qx} - 1 + u(q^2x)e^{pqx})e^{px}$$

$$= e^x - 1 + e^x - e^{(1-q)x} + u(q^2x)e^{(1-q^2)x}$$

$$\vdots$$

$$= \sum_{i=0}^{k-1} (e^x - e^{(1-q^i)x}) + u(q^kx)e^{(1-q^k)x} .$$

Da q^k mit wachsendem k gegen O strebt, liegt es nahe, daß der letzte Term mit wachsendem k beliebig klein wird. Man kommt so zu der Vermutung

$$u(x) = \sum_{i=0}^{\infty} (e^x - e^{(1-q^i)x}) .$$

Koeffizientenvergleich zeigt dann

$$\frac{t_k}{k!} = \sum_{i=0}^{\infty} \frac{1}{k!} (1 - (1-q^i)^k) .$$

Das ist Gleichung (3).

Wir haben in dieser Rechnung unbekümmert einige Operationen mit unendlichen Reihen vorgenommen, die im Einzelnen durchaus einer Rechtfertigung bedürfen. Nachdem man jedoch nun den Verdacht hat, daß (3) die gesuchten Lösungen angibt, ist es viel einfacher, dies durch Einsetzen zu bestätigen (wie geschehen).

<u>10.24 Definition.</u> Sei $A = (a_{ij})$ eine stochastische Matrix vom Typ (n,n). Wir setzen $N = \{1,\ldots,n\}$.

Für jede natürliche Zahl m definieren wir einen neuen stochastischen Prozeß auf $N \times \underset{m}{\cdots} \times N$ wie folgt:

Wir betrachten als Zustände des neuen Systems das m-Tupel der m letzten Zustände $(i_1,\ldots,i_m)$ (mit $1 \leq i_k \leq n$) des Ausgangssystems. Im Elementarprozeß erfolge der Übergang

$$(i_1,\ldots,i_m) \longrightarrow (i_2,\ldots,i_m,j)$$

mit der Wahrscheinlichkeit $a_{i_m,j}$. Die Übergangsmatrix des neuen Prozesses ist also $\hat{A}_m = (\hat{a}_{IJ})$ mit

$$\hat{a}_{(i_1,\ldots,i_m)(j_1,\ldots,j_m)} = \delta_{i_2,j_1} \cdots \delta_{i_m,j_{m-1}} a_{i_m,j_m} .$$

Die Matrix $\hat{A}_m$ ist stochastisch, denn es gilt

$$\sum_J \hat{a}_{IJ} = \sum_{(j_i)} \delta_{i_2,j_1} \cdots \delta_{i_m,j_{m-1}} a_{i_m,j_m} = \sum_{j_m} a_{i_m,j_m} = 1 \ .$$

10.25 Satz. a) *Die sämtlichen Eigenwerte von $\hat{A}_m$ sind die n Eigenwerte von A vereinigt mit $n^m - n$ Nullen.*

b) *Ist A gut (sehr gut), so ist auch $\hat{A}_m$ gut (sehr gut).*

Beweis. a) Wir bilden einen $\mathbb{C}$-Vektorraum V_m der Dimension n^m mit der Basis

$$\{v_I \mid I \in N \times \overset{m}{\cdots} \times N\} \ .$$

Auf V_m lassen wir $\hat{A}_m$ in natürlicher Weise als lineare Abbildung wirken durch die Festsetzung

$$\hat{A}_m \, v_I = \sum_J \hat{a}_{JI} \, v_J \ .$$

Wir betrachten den Unterraum

$$U_m = \left\langle v_{(i_1,i_2,\ldots,i_m)} - v_{(1,i_2,\ldots,i_m)} \mid 1 \leqslant i_k \leqslant n \right\rangle$$

von der Dimension $(n-1)n^{m-1}$. Offenbar liegt U_m im Kern von $\hat{A}_m$. Dabei ist

$$V_m = \left\langle U_m, \ v_{(1,i_2,\ldots,i_m)} \mid 1 \leqslant i_k \leqslant n \right\rangle \ ,$$

und es gilt

$$\hat{A}_m \, v_{(1,i_2,\ldots,i_m)} = \sum_{j=1}^{n} a_{i_m,j} \, v_{(i_2,\ldots,i_m,j)}$$

$$\in \sum_{j=1}^{n} a_{i_m,j} \, v_{(1,i_3,\ldots,i_m,j)} + U_m \ .$$

Bezüglich einer geeigneten Basis von V_m ist $\hat{A}_m$ also eine Matrix der Gestalt

$$\begin{pmatrix} O & * \\ O & \hat{A}_{m-1} \end{pmatrix}$$

zugeordnet. Die sämtlichen Eigenwerte von $\hat{A}_m$ sind somit die Eigenwerte von $\hat{A}_{m-1}$ vereinigt mit $n^m - n^{m-1}$ Nullen. Wiederholte Anwendung dieser Überlegung liefert das behauptete Ergebnis.

b) Die Aussagen folgen sofort aus a). <u>q.e.d.</u>

10.26 Satz. *Sei* A *eine stochastische Matrix vom Typ* (n,n).

a) *Ist*

$$\lim_{k\to\infty} \frac{1}{k} \sum_{i=0}^{k-1} A^i = (q_{ij}) \ ,$$

so gilt

$$\lim_{k\to\infty} \frac{1}{k} \sum_{i=0}^{k-1} (\hat{A}_m)^i = (\hat{q}_{IJ})$$

mit

$$\hat{q}_{(i_1,\ldots,i_m)(j_1,\ldots,j_m)} = q_{i_m,j_1} \, a_{j_1,j_2} \, a_{j_2,j_3} \cdots a_{j_{m-1},j_m} \ .$$

b) *Ist*

$$\lim_{k\to\infty} A^k = (p_{ij}) \ ,$$

so gilt

$$\lim_{k\to\infty} (\hat{A}_m)^k = (\hat{p}_{IJ})$$

mit

$$\hat{p}_{(i_1,\ldots,i_m)(j_1,\ldots,j_m)} = p_{i_m,j_1} \, a_{j_1,j_2} \, a_{j_2,j_3} \cdots a_{j_{m-1},j_m} \ .$$

Beweis. a) Sei $I = (i_1,\ldots,i_m)$ und $J = (j_1,\ldots,j_m)$. Wir beweisen zuerst vermöge Induktion für $1 \leqslant s \leqslant m$ die Gleichung

$$(1) \qquad \hat{a}_{IJ}^{(s)} = \delta_{i_{s+1},j_1} \, \delta_{i_{s+2},j_2} \cdots \delta_{i_m,j_{m-s}} \, a_{i_m,j_{m-s+1}}$$
$$a_{j_{m-s+1},j_{m-s+2}} \cdots a_{j_{m-1},j_m} \ .$$

Nach Definition 10.24 ist

$$\hat{a}_{IJ} = \delta_{i_2,j_1} \, \delta_{i_3,j_2} \cdots \delta_{i_m,j_{m-1}} \, a_{i_m,j_m} \ .$$

Für $1 \leqslant s+1 \leqslant m$ folgt dann

$$\hat{a}_{IJ}^{(s+1)} = \sum_K \hat{a}_{IK}^{(s)} \, \hat{a}_{KJ}$$

$$= \sum_{(k_i)} \delta_{i_{s+1},k_1} \cdots \delta_{i_m,k_{m-s}} \, a_{i_m,k_{m-s+1}} \, a_{k_{m-s+1},k_{m-s+2}} \cdots$$

$$\cdots a_{k_{m-1},k_m} \, \delta_{k_2,j_1} \cdots \delta_{k_m,j_{m-1}} \, a_{k_m,j_m}$$

184

$$= \delta_{i_{s+2},j_1} \, \delta_{i_{s+3},j_2} \, \cdots \, \delta_{i_m,j_{m-s-1}} \, a_{i_m,j_{m-s}} \, a_{j_{m-s},j_{m-s+1}} \cdots$$

$$\cdots \, a_{j_{m-2},j_{m-1}} \, a_{j_{m-1},j_m} \, .$$

Wir zeigen nun durch Induktion für $s \geq m$

$$(2) \qquad \hat{a}_{IJ}^{(s)} = a_{i_m,j_1}^{(s-m+1)} \, a_{j_1,j_2} \, a_{j_2,j_3} \cdots a_{j_{m-1},j_m} \, .$$

Der Induktionsanfang mit $s = m$ steht in (1). Für $s+1 > m$ erhalten wir dann

$$\hat{a}_{IJ}^{(s+1)} = \sum_K \hat{a}_{IK}^{(s)} \, \hat{a}_{KJ}$$

$$= \sum_{(k_i)} a_{i_m,k_1}^{(s-m+1)} \, a_{k_1,k_2} \cdots a_{k_{m-1},k_m}$$

$$\delta_{k_2,j_1} \cdots \delta_{k_m,j_{m-1}} \, a_{k_m,j_m}$$

$$= \sum_{k_1} a_{i_m,k_1}^{(s-m+1)} \, a_{k_1,j_1} \, a_{j_1,j_2} \cdots a_{j_{m-2},j_{m-1}} \, a_{j_{m-1},j_m}$$

$$= a_{i_m,j_1}^{(s-m+2)} \, a_{j_1,j_2} \cdots a_{j_{m-1},j_m} \, .$$

Wegen

$$\lim_{k \to \infty} \frac{1}{k} \sum_{i=0}^{k-1} (\hat{A}_m)^i = \lim_{k \to \infty} \frac{1}{k} \sum_{i=m}^{k-1} (\hat{A}_m)^i$$

folgt die Behauptung nun aus (2).

b) Dies folgt ebenfalls sofort aus (2). <u>q.e.d.</u>

<u>10.27 Beispiel.</u> Wir betrachten einen Bundesligaverein, dessen Spiel-
stärke vom Ausgang des jeweils vorhergehenden Spiels abhängig ist. Und
zwar sei die Wahrscheinlichkeit für einen Sieg $1-p$ ($0 < p < \frac{1}{2}$), wenn
der Verein vor einer Woche siegreich war und q ($0 < q < \frac{1}{2}$), wenn das
vorhergehende Spiel nicht gewonnen wurde. Die Übergangsmatrix ist dann

$$A = \begin{pmatrix} 1-p & p \\ q & 1-q \end{pmatrix} \, .$$

Wir betrachten wie in 10.24 für $m \geq 2$ den neuen Zustandsraum

$$\{(i_1, \ldots, i_m) \mid 1 \leq i_k \leq 2\}$$

mit 1 = Sieg, 2 = Niederlage oder Unentschieden. Auf diesem Raum definieren wir eine Partition $P = (B_0, \ldots, B_m)$ durch

$$B_0 = \{(i_1, \ldots, i_{m-1}, 2) \mid i_k \text{ beliebig für } 1 \leqslant k \leqslant m-1\},$$

$$B_j = \{(i_1, \ldots i_{m-j-1}, 2, \underbrace{1, \ldots, 1}_{j}) \mid i_k \text{ beliebig für } 1 \leqslant k \leqslant m-j-1\}$$

$$\text{für } 1 \leqslant j < m,$$

$$B_m = \{(1, \ldots, 1)\}.$$

Die m-Tupel aus B_j entsprechen also gerade den *Siegesserien* der Länge j.

Dann ist P eine für $\hat{A}_m$ zulässige Partition:
Seien etwa $I \in B_i$ und $J \in B_j$ mit $i > 0$ und $j > 0$. Dann ist

$$\sum_{J \in B_j} \hat{a}_{IJ} = \sum_{J \in B_j} \delta_{i_2, j_1} \cdots \delta_{i_m, j_{m-1}} a_{i_m, j_m}$$

$$= \begin{cases} a_{11} & \text{falls } (i_2, \ldots, i_m, 1) \in B_j \\ 0 & \text{sonst.} \end{cases}$$

Dabei gilt $I = (*, \ldots, *, 2, \underbrace{1, \ldots, 1}_{i})$, also

$$(i_2, \ldots i_m, 1) = \begin{cases} (*, \ldots, 2, \underbrace{1, \ldots, 1}_{i+1}) & \text{für } i < m-1 \\ (1, \ldots, 1) & \text{für } i = m-1. \end{cases}$$

Also folgt

$$\sum_{J \in B_j} \hat{a}_{IJ} = \begin{cases} a_{11} & \text{falls } i+1 = j \\ 0 & \text{sonst.} \end{cases}$$

Dies beweist

$$\sum_{J \in B_j} \hat{a}_{IJ} = \sum_{J \in B_j} \hat{a}_{I'J}$$

für $I, I' \in B_i$ und $i > 0$, $j > 0$. Analog verlaufen die Rechnungen, falls
i oder j oder beide gleich 0 sind.

Nun können wir die Wahrscheinlichkeit y_j für Siegesserien der Länge j
nach langer Spielzeitdauer bestimmen:
Nach 1.5 ist

$$P = \lim_{k \to \infty} A^k = \begin{pmatrix} z_1 & z_2 \\ z_1 & z_2 \end{pmatrix}$$

mit $z_1 = \dfrac{q}{p+q}$ und $z_2 = \dfrac{p}{p+q}$.

Mit 10.26 folgt

$$\lim_{k \to \infty} (\hat{A}_m)^k = \begin{pmatrix} \hat{z} \\ \vdots \\ \hat{z} \end{pmatrix}$$

mit $\hat{z} = (\hat{z}_I)$ und $\hat{z}_I = z_{i_1} \, a_{i_1, i_2} \cdots a_{i_{m-1}, i_m}$.

Mit 10.11 c) erhalten wir sodann

$$y_j = \sum_{I \in B_j} \hat{z}_I = \sum_{I \in B_j} z_{i_1} \, a_{i_1, i_2} \cdots a_{i_{m-1}, i_m} \; .$$

Das ergibt

$$y_0 = \sum_{I \in B_0} z_{i_1} \, a_{i_1, i_2} \cdots a_{i_{m-1}, 2} = z_2 \; ,$$

$$y_j = \sum_{I \in B_j} z_{i_1} \, a_{i_1, i_2} \cdots a_{i_{m-j-1}, 2} \, a_{21} \, a_{11}^{j-1} = z_2 \, a_{21} \, a_{11}^{j-1}$$

$$\text{für } 0 < j < m$$

und

$$y_m = z_1 \, a_{11}^{m-1} \; .$$

Also erhalten wir

$$y_0 = \frac{p}{p+q} \; ,$$

$$y_j = \frac{p}{p+q} \, q(1-p)^{j-1} \qquad \text{für } 0 < j < m \; ,$$

$$y_m = \frac{q}{p+q} \, (1-p)^{m-1} \; .$$

Natürlich kann man die stochastische Matrix

$$(\hat{A}_m)_p = \begin{pmatrix} 1-q & q & 0 & \cdots & 0 & 0 \\ p & 0 & 1-p & \cdots & 0 & 0 \\ \cdot \; \vdots & \vdots & \vdots & & \vdots & \vdots \\ p & 0 & 0 & \cdots & 0 & 1-p \\ p & 0 & 0 & \cdots & 0 & 1-p \end{pmatrix}$$

für das Verhalten der Siegesserien auch direkt aufstellen und behandeln. (Da alle Einträge der ersten Spalte von $(\hat{A}_m)_p$ positiv sind, ist $(\hat{A}_m)_p$ sehr gut.) Nach 10.25 hat $(\hat{A}_m)_p$ die Eigenwerte $1, 1-p-q, 0, \ldots, 0$.

A u f g a b e n

$\underline{51}$) Sei M eine Trägermenge für ein Mischverfahren mit Übergangsmatrix A gemäß 6.1. Ferner sei $\langle M \rangle = S_t$ und G eine Untergruppe von S_t. Setzen wir

$$P = \{G\pi \mid \pi \in S_t\}, \text{ wobei } G\pi = \{\eta\pi \mid \eta \in G\} \text{ sei, so gilt:}$$

a) P ist zulässig für A.

b) A_P ist doppelt stochastisch.

c) Enthält G wenigstens eine ungerade Permutation, so ist A_P sehr gut.

d) Sei A_t die alternierende Gruppe, also

$$A_t = \{\pi \mid \pi \in S_t, \ \pi \text{ gerade}\} \ .$$

Dann ist

$$\left(2 \sum_{\pi \in A_t} p(\pi) \right) - 1$$

ein Eigenwert von A.

$\underline{52}$) Ist P eine zulässige Partition zur stochastischen Matrix A und Q eine zulässige Partition zur stochastischen Matrix B, so ist

$$P \times Q = \{B \times C \mid B \in P, \ C \in Q\}$$

eine zulässige Partition zu $A \otimes B$, und es gilt $(A \otimes B)_{P \times Q} = A_P \otimes B_Q$.

$\underline{53}$) Seien P und Q zulässige Partitionen zur stochastischen Matrix A. Sei P v Q die Partition zur kleinsten Äquivalenzrelation, die die Äquivalenzrelation zu P und Q umfaßt (also $P \vee Q = \{D \mid D = \cup B_i$ für geeignete i}). Dann ist P v Q zulässig für A.

$\underline{54}$) Sei

$$A = \begin{pmatrix} a_0 & a_1 & \cdots & a_{n-1} \\ a_{n-1} & a_0 & \cdots & a_{n-2} \\ \vdots & \vdots & & \vdots \\ a_1 & a_2 & \cdots & a_0 \end{pmatrix}$$

eine stochastische Matrix vom Typ (n,n). Als Zustandsmenge nehmen wir die zyklische Gruppe

$$\mathbb{Z}_n = \mathbb{Z}/n\mathbb{Z} = \{0,1,\ldots,n-1\}$$

der Restklassen modulo n. Die Menge

$$Z = (\mathbb{Z}_n)^r = \{(i_1,\ldots,i_r) \mid i_k \in \mathbb{Z}_n\}$$

ist dann bezüglich komponentenweiser Addition ebenfalls eine Gruppe.

a) Sei Y eine weitere Gruppe und sei f ein Gruppenhomomorphismus von Z auf Y. Dann ist die Partition

$$P_f = \{Z_y \mid y \in Y\} \ ,$$

gegeben durch

$$Z_y = \{I \mid I \in Z, \ f(I) = y\} = f^{-1}(y) \ ,$$

zulässig für $A^{\otimes r}$.

(Anleitung: Man verwende $a_{I,J} = a_{J-I} = a_{j_1-i_1} \ a_{j_2-i_2} \cdots a_{j_n-i_n}$.)

b) Sei der Homomorphismus f von Z auf $\mathbf{Z}_n$ gegeben durch

$$f((i_1,\ldots,i_r)) = \sum_{t=1}^{r} i_t \ .$$

Dann ist $(A^{\otimes r})_{P_f}$ gleich der Matrix A^r.

<u>55</u>) Zwei Mäuse befinden sich in einem Labyrinth der Gestalt

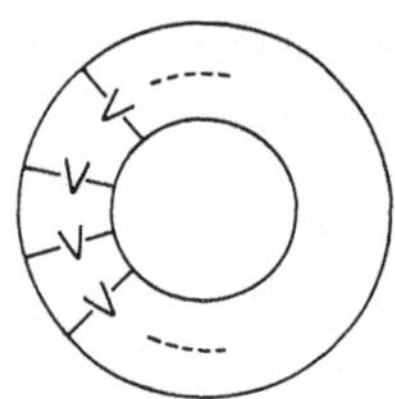

mit n Kammern. Jede Maus bewege sich im Elementarprozeß mit Wahrscheinlichkeit p (O < p < 1) in die nächste Kammer und verharre mit Wahrscheinlichkeit q = 1-p in der derzeitigen Kammer. Wie lange dauert es im Durchschnitt, bis sich die beiden Mäuse getroffen haben?
(Anleitung: Man stelle die Übergangsmatrix A für eine Maus auf, betrachte dann die Matrix A ⊗ A und die Funktion f mit f(i,j) = j-i wie in Aufgabe 54. Man bestimme die Einträge der projizierten Matrix.)

<u>56</u>) Die Bezeichnungen seien wie in 10.18 und 10.19. Sei

$$A = \begin{pmatrix} 1-p & p \\ q & 1-q \end{pmatrix} .$$

a) Für die Matrix $\tilde{A} = A^{<f_m>}_p$ mit $\bar{f}_m = \dfrac{1}{\binom{r}{m}} \sum_{(i_j)} x_{i_1} \cdots x_{i_m}$ zeige man

$$\tilde{a}_{s,s+m} = \frac{\binom{r-s}{m}}{\binom{r}{m}} \, q^m \qquad\qquad \text{für } s+m \leqslant r$$

und

$$\tilde{a}_{s,\,s+m-1} = \frac{\binom{r-s-1}{m-1}}{\binom{r}{m}}\; q^{m-1}\,(r - 1 - sp - (r-s-1)q)\; .$$

b) Man bestimme alle Einträge der Matrix $A^{\langle f_2 \rangle}_p$.

<u>57</u>) a) Man berechne die sämtlichen Eigenwerte und Eigenvektoren der Matrizen

$$A_1 = \begin{pmatrix} 0 & 1 & 0 & & & \\ \tfrac{1}{2} & 0 & \tfrac{1}{2} & & & \\ & & \tfrac{1}{2} & 0 & \tfrac{1}{2} & \\ & & 0 & 1 & 0 \end{pmatrix} \qquad \text{vom Typ } (n+1,n+1)$$

und

$$A_2 = \begin{pmatrix} \tfrac{1}{2} & \tfrac{1}{2} & 0 & & & \\ \tfrac{1}{2} & 0 & \tfrac{1}{2} & & & \\ & & \tfrac{1}{2} & 0 & \tfrac{1}{2} & \\ & & 0 & \tfrac{1}{2} & \tfrac{1}{2} \end{pmatrix} \qquad \text{vom Typ } (n,n)\; .$$

(Anleitung: Man betrachte die $(2n,2n)$-Matrix

$$A = \begin{pmatrix} 0 & \tfrac{1}{2} & 0 & \cdots & 0 & \tfrac{1}{2} \\ \tfrac{1}{2} & 0 & \tfrac{1}{2} & \cdots & 0 & 0 \\ \vdots & \vdots & \vdots & & \vdots & \vdots \\ 0 & 0 & 0 & \cdots & 0 & \tfrac{1}{2} \\ \tfrac{1}{2} & 0 & 0 & \cdots & \tfrac{1}{2} & 0 \end{pmatrix}$$

zu einer zyklischen Irrfahrt und finde zwei zulässige Partitionen, die zu A_1 und A_2 führen.)

b) Man berechne die sämtlichen Eigenwerte der $(n+1,n+1)$-Matrix

$$A_3 = \begin{pmatrix} 1 & 0 & 0 & & & \\ \tfrac{1}{2} & 0 & \tfrac{1}{2} & & & \\ & & \tfrac{1}{2} & 0 & \tfrac{1}{2} & \\ & & 0 & 0 & 1 \end{pmatrix}\; .$$

(Anleitung: Sei A wieder die $(2n,2n)$-Matrix zu einer zyklischen Irrfahrt. Sei $\{v_1,\dots,v_{2n}\}$ eine Basis von $\mathbb{C}^{(2n)}$ und

$$Av_i = \sum_{j=1}^{2n} a_{ji}\, v_j \ .$$

Man betrachte die Räume $V = \left\langle v_i - v_{2n-i} \,\middle|\, 1 \leqslant i \leqslant n-1 \right\rangle$ und
$W = \left\langle v_i + v_{2n-i},\ 2v_{2n} \,\middle|\, 1 \leqslant i \leqslant n \right\rangle .)$

c) Man berechne die Eigenwerte der $(n+1,n+1)$-Matrix

$$A_4 = \begin{pmatrix} 1 & 0 & 0 & & & \\ \frac{1}{2} & 0 & \frac{1}{2} & & & \\ & & \frac{1}{2} & 0 & \frac{1}{2} & \\ & & 0 & 1 & 0 & \end{pmatrix} .$$

(Anleitung: Man betrachte die $(2n+1,2n+1)$-Matrix

$$B = \begin{pmatrix} 0 & 1 & 0 & & & \\ \frac{1}{2} & 0 & \frac{1}{2} & & & \\ & & \frac{1}{2} & 0 & \frac{1}{2} & \\ & & 0 & 1 & 0 & \end{pmatrix}$$

zur Zustandsmenge $N = \{0,1,\ldots,2n\}$. Man betrachte ähnlich wie in b)
die Unterräume

$$V = \left\langle v_i + v_{2n-i} \,\middle|\, i = 0,\ldots,n \right\rangle \text{ und}$$

$$W = \left\langle v_i - v_{2n-i} \,\middle|\, i = 0,\ldots,n-1 \right\rangle \ .)$$

<u>58</u>) Auf der Menge $\{1,\ldots,n\}$ sei eine Funktion f erklärt mit Bild f
$= \{1,\ldots,s\}$. Wir setzen $C_i = f^{-1}(i)$. Als Zustandsmenge Z betrachten
wir alle Anordnungen

$$I\pi = (i_1,\ldots,i_n) = (1\pi^{-1},\ldots,n\pi^{-1}) \qquad \text{mit } \pi \in S_n \ .$$

Zu einer Verteilung p auf S_n erhalten wir einen stochastischen Vorgang
mit der Übergangsmatrix $A = (a_{\pi\rho})$ mit

$$a_{\pi\rho} = a_{I\pi I\rho} = p(\pi^{-1}\rho) \ .$$

(Dies ist die Wahrscheinlichkeit dafür, im Elementarschritt von der
Anordnung $I\pi$ zur Anordnung $I\rho$ zu gelangen.) Für $I\pi = (i_1,\ldots,i_n)$ und
$I\rho = (i'_1,\ldots,i'_n)$ schreiben wir $\pi \sim \rho$ genau dann, wenn $i'_k f = i_k f$
für alle $k = 1,\ldots,n$.

a) Sei $T = \{\pi \,|\, C_i\, \pi = C_i \text{ für } i = 1,\ldots,s\} = \{\pi \,|\, \pi^{-1} f = f\}$

Es gilt $\pi \sim \rho$ genau dann, wenn $T\pi = T\rho$. Insbesondere ist die zur Rela-
tion $\sim$ gehörige Partition von S_n zulässig für A.

b) Gegeben seien m weiße und n−m schwarze Kugeln, die auf zwei Urnen verteilt sind. Zu Beginn enthalte die erste Urne gerade alle weißen Kugeln. Im Elementarprozeß tausche man eine Kugel aus der ersten Urne gegen eine Kugel aus der zweiten Urne aus. Der Zustand i liege vor, wenn sich i weiße Kugeln in der ersten Urne befinden ($0 \leqslant i \leqslant m$). Man beschreibe diesen Prozeß, indem man zunächst die Plätze in den Urnen als numeriert ansieht, die Partition aus Teil a) verwendet und für den dann gewonnenen Prozeß eine weitere Partition betrachtet.

(Anleitung: Es gibt $\binom{n}{m}$ Rechtsnebenklassen zu T in S_n. Zum Zustand i faßt man $\binom{m}{i}\binom{n-m}{m-i}$ Klassen zusammen.)

Sach- und Namenverzeichnis

Hochschultexte

In diese Sammlung werden preiswerte Lehrbücher aufgenommen, die, was Anordnung und Präsentation des Stoffes betrifft, nach didaktischen Gesichtpunkten aufgebaut und in erster Linie für Studenten mittlerer Semester geeignet sind. Die einzelnen Bände – es sind entweder Ausarbeitungen von aktuellen Vorlesungen oder Übersetzungen bekannter fremdsprachiger Bücher – geben jeweils eine solide Einführung in ein nicht nur für Spezialisten interessantes Fachgebiet.

M. Aigner, Kombinatorik. I. Grundlagen und Zähltheorie. 1975. DM 39,–
M. Aigner, Kombinatorik. II. Matroide und Transversaltheorie. 1976. DM 34,–
B. Booß, Topologie und Analysis. Einführung in die Atiyah-Singer-Indexformel. 1977. DM 39,90
H. Bühlmann/H. Loeffel/E. Nievergelt, Entscheidungs- und Spieltheorie. 1975. DM 24,80
K. L. Chung, Elementare Wahrscheinlichkeitstheorie und stochastische Prozesse. 1978. DM 32,–
K. Deimling, Nichtlineare Gleichungen und Abbildungsgrade. 1974. DM 21,–
P. Gänssler/W. Stute, Wahrscheinlichkeitstheorie. 1977. DM 36,–
H. Grauert/K. Fritzsche, Einführung in die Funktionentheorie mehrerer Veränderlicher. 1974. DM 24,80
M. Gross/A. Lentin, Mathematische Linguistik. 1971. DM 46,–
H. Heyer, Mathematische Theorie statistischer Experimente. 1973. DM
K. Hinderer, Grundbegriffe der Wahrscheinlichkeitstheorie. Korr. Nachdruck der 1. Auflage. 1975. DM 22,80
K. Jänich, Einführung in die Funktionentheorie. 1977. DM 22,–
K. Jörgens/F. Rellich, Eigenwerttheorie gewöhnlicher Differentialgleichungen. 1976. DM 31,–
K. Krickeberg/H. Ziezold, Stochastische Methoden. 1977. DM 29,40
G. Kreisel/J.-L. Krivine, Modelltheorie. 1972. DM 35,–
H. Kurzweil, Endliche Gruppen. 1977. DM 25,20
A. Langenbach, Monotone Potentialoperatoren in Theorie und Anwendung. 1977. DM 58,–
H. Lüneburg, Einführung in die Algebra. 1973. DM 29,80
T. Meis/U. Marcowitz, Numerische Behandlung partieller Differentialgleichungen. 1978. DM 36,–
S. MacLane, Kategorien. 1972. DM 38,–
G. Owen, Spieltheorie. 1972. DM 36,–
J. C. Oxtoby, Maß und Kategorie. 1971. DM 28,–
G. Preuss, Allgemeine Topologie. 2. Auflage 1975. DM 44,–
B. v. Querenburg, Mengentheoretische Topologie. Korrigierter Nachdruck der 1. Auflage. 1976. DM 16,80
S. Rolewicz, Funktionalanalysis und Steuerungstheorie. 1976. DM 39,60
S. Schach/Th. Schäfer, Regressions- und Varianzanalyse. 1978. DM 29,–
K. Stange, Bayes-Verfahren. 1977. DM 39,–
H. Werner, Praktische Mathematik I. 2. Auflage. 1975. DM 24,80
H. Werner/R. Schaback, Praktische Mathematik II. 1972. DM 24,80

Preisänderungen vorbehalten

Springer-Verlag Berlin Heidelberg NewYork

Heidelberger Taschenbücher

sind eine Lehrbuchreihe, in der der Springer-Verlag
seine zahlreichen Verbindungen zu hervorragen-
den Wissenschaftlern für den Studenten nutzbar
macht.
Im Bereich der Mathematik haben sie das Ziel, ein
ausgewogenes, begleitendes Lehrbuchprogramm
zum Grundstudium der Mathematik anzubieten.
Aufgrund der didaktischen Sorgfalt, mit der bei aller
wissenschaftlichen Fundierung die einzelnen
Bände verfaßt wurden, bewähren sich die Heidel-
berger Taschenbücher als Grundlage und als
Begleitmaterial von Vorlesungen und Seminaren.
Über zwei Drittel aller bisher vorliegenden Bände
erschienen als Originalausgaben und wurden
speziell für diese Reihe geschrieben.

Band 12: van der Waerden
Algebra I. 8. Auflage. 1971. DM 12,80

Band 15: Collatz/Wetterling:
Optimierungsaufgaben. 2. Auflage. 1971. DM 16,80

Band 23: van der Waerden
Algebra II. 5. Auflage. 1967. DM 16,80

Band 26: Grauert/Lieb
Differential- und Integralrechnung I: Funktionen
einer reellen Veränderlichen. 4. Auflage. 1976.
DM 17,80

Band 30: Courant/Hilbert
Methoden der Mathematischen Physik I. 3. Auflage.
1968. DM 24,00

Band 31: Courant/Hilbert
Methoden der Mathematischen Physik II. 2. Auflage. 1968. DM 19,80

Band 36: Grauert/Fischer
Differential- und Integralrechnung II: Differential-
rechnung mit mehreren Veränderlichen. Differentialgleichungen. 3. Auflage. 1978. DM 17,80

Band 43: Grauert/Lieb
Differential- und Integralrechnung III: Inte-
grationstheorie, Kurven- und Flächenintegrale.
2. Auflage. 1977. DM 20,80

Band 44: Wilkinson
Rundungsfehler. 1969. DM 16,80

Band 50: Rademacher/Toeplitz
Von Zahlen und Figuren. 1968. DM 12,80

Band 51: Dynkin/Juschkewitsch
Sätze und Aufgaben über Markoffsche Prozesse.
1969. DM 19,80

Band 64: Rehbock
Darstellende Geometrie. 3. Auflage. 1969.
DM 16,80

Band 65: Schubert
Kategorien I. 1970. DM 16,80

Band 66: Schubert
Kategorien II. 1970. DM 14,80

Band 73: Pólya/Szegö
Aufgaben und Lehrsätze aus der Analysis I: Reihen,
Integralrechnung, Funktiontheorie. 4. Auflage.
1970. DM 16,80

Band 74: Pólya/Szegö
Aufgaben und Lehrsätze aus der Analysis II:
Funktionentheorie, Nullstellen, Polynome, Deter-
minanten, Zahlentheorie. 4. Auflage. 1971.
DM 16,80

Band 103: Diederich/Remmert
Funktionentheorie I. 1972. DM 16,80

Band 105: Stoer
Einführung in die Numerische Mathematik I.
2. Auflage. 1976. DM 20,80

Band 107: Klingenberg
Eine Vorlesung über Differentialgeometrie. 1973.
DM 19,80

Band 108: Schäfke/Schmidt
Gewöhnliche Differentialgleichungen. 1973.
DM 20,80

Band 110: Walter
Gewöhnliche Differentialgleichungen. 2. Auflage.
1976. DM 18,80

Band 114: Stoer/Bulirsch
Einführung in die Numerische Mathematik II.
1973. DM 16,80

Band 143: Bröcker/Jänich
Einführung in die Differentialtopologie. 1973.
DM 20,80

Band 150: Oeljeklaus/Remmert
Lineare Algebra 1. 1974. DM 23,80

Band 151: Blatter
Analysis 1. 2. Auflage. 1977. DM 17,80

Band 152: Blatter
Analysis 2. 1974. DM 17,80

Band 153: Blatter
Analysis 3. 1974. DM 17,80

Band 172: Künzi/Krelle
Nichtlineare Programmierung. 1975. DM 18,80

Band 179: Greub
Lineare Algebra. 1976. DM 18,80

Band 184: Forster
Riemannsche Flächen. 1977. DM 26,80

Preisänderungen vorbehalten

Springer-Verlag
Berlin
Heidelberg
New York